BOTANISCHE SPAZIERGÄNGE

BIRGIT LAHNER, CRISTINA-ESTERA KLEIN

BOTANISCHE SPAZIERGÄNGE

11 Routen durch die Welt der
Wiener Pflanzen und ihre Geschichte

Mit zahlreichen Illustrationen
von Silvia Ungersböck

FALTER VERLAG

ISBN 978-3-85439-705-2

1011 Wien, Marc-Aurel-Straße 9
T: +43/1/536 60-0, F: +43/1/536 60-935
E: bv@falter.at, service@falter.at
W: faltershop.at

Autorinnen: Birgit Lahner, Cristina-Estera Klein

Pflanzenzeichnungen: Silvia Ungersböck

Fachlektorat: Marko Iljić, Monika Kriechbaum

Lektorat: Helmut Gutbrunner

Grafik und Layout: Marion Großschädl

Fotoredaktion: Karin Wasner

Fotonachweis: S. 19: Donat Hübschmann / Wien Museum; S. 53 beide, S. 82 beide, S. 136, S. 172, S. 178, S. 182: Österreichische Nationalbibliothek; S. 59, S. 96: KHM-Museumsverband; S. 68: Carl Wenzel Zajicek / Österreichische Nationalbibliothek; S. 98, S. 201: Österreichische Galerie Belvedere; S. 112: Archiv Bezirksmuseum Hietzing; S. 129: Paul Ledermann (1882–1946) / Wien Museum Online Sammlung; S. 149, S. 157: Bildarchiv Österreichische Gartenbau-Gesellschaft; S. 160: Fotoarchiv Gerlach / Bezirksmuseum Ottakring; S. 199: Jakob Alt / Sammlung Albertina Wien

Bildbearbeitung: Reini Hackl

Druck: Finidr, s.r.o., 73701 Česky Těšin

FSC
www.fsc.org
MIX
Papier aus verantwortungsvollen Quellen
FSC® C014138

Wir haben bei diesem Buch im Sinne der Umwelt auf die Verpackung mit Plastikfolie verzichtet.

INHALT

VORWORT

„Man erblickt nur, was man schon weiß und versteht.“
Johann Wolfgang von Goethe

Das vielschichtige, lebendige Wechselspiel zwischen Mensch und Pflanze in der Wiener Stadtgeschichte steht im Zentrum dieses Buches. Manche Pflanzen haben Wien ganz konkret mitgeformt und treten im Stadtbild deutlich in Erscheinung, andere halten sich bescheiden im Hintergrund und nutzen die menschengemachten Strukturen der Metropole auf weniger sichtbare Weise. Mit diesen elf Spaziergängen möchten wir auch auf Stadtvegetation aufmerksam machen, die kaum Beachtung findet und doch von tragender Bedeutung für ihre Bewohner*innen ist – sei es in ökologischer, kultureller, ästhetischer oder wirtschaftlicher Hinsicht. Wir beleuchten botanische Individuen, erkunden Parkanlagen, in denen Natur und Kunst einander ergänzen, und gehen auf Streifzug durch die großen, naturnahen Landschaftstypen am Rande der Stadt. Dabei begegnen uns immer wieder historische Persönlichkeiten, die durch ihre Leidenschaft für die Welt der Pflanzen einen wesentlichen Beitrag zur botanischen Diversität Wiens geleistet haben.

Die meisten Spaziergänge führen uns ganz konkret zu bestimmten Pflanzen, andere in die Vergangenheit, die anhand noch bestehender baulicher Strukturen lebendig wird. Die Routen unterscheiden sich in ihrer Länge und ihrem Anspruch. So gibt es kurze, gemütliche Stadtspaziergänge ebenso wie ausgedehnte, durchaus fordernde Wanderungen in den naturnahen Zonen der äußeren Bezirke. Entsprechende Hinweise sind in den jeweiligen Kapiteln zu finden. Die Texte der einzelnen Abschnitte nehmen aufeinander Bezug, so dass sich die Spaziergänge geistig verbinden lassen. Die beschriebenen Routen können aber auch in Teilstücken begangen werden. An allen Ecken der Stadt sind plötzlich Dinge zu sehen, die bisher unbeachtet geblieben sind – seien es unscheinbare Wegesrandpflanzen oder mächtige Bäume, die zuvor im Alltagsgeschehen nur als Kulisse wahrgenommen wurden.

Aus botanischer Sicht lässt sich ab dem späten Frühling bis zu den ersten Frösten das meiste entdecken. Doch selbst Spätherbst, Winter und Vorfrühling können noch ergiebig sein. Je nachdem, zu welcher Jahreszeit wir unterwegs sind, treffen wir auf unterschiedliche Arten in verschiedenen Entwicklungsstadien. Bei manchen Spaziergängen wird auf botanisch besonders lohnenswerte Zeitpunkte im Jahresverlauf hingewiesen. Die pflanzlichen Protagonisten der Spaziergänge unterliegen einem ständigen Wandel – nicht nur in Bezug auf die Jahreszeit. Es empfiehlt sich daher, geeignete Bestimmungsliteratur oder eine entsprechende App mitzuführen, denn mit Sicherheit lassen sich spannende botanische Entdeckungen machen. Eine gewisse Offenheit für die im Pflanzenreich herrschenden Dynamiken und den Sinn für die Schönheit ihrer konstanten Veränderlichkeit nehmen wir dabei mit auf den Weg.

Generell ist man gut beraten, geeignetes Kartenmaterial oder ein digitales Navigationstool (z. B. eine Karten-App) zu nutzen, denn wir erheben bei unseren Wegbeschreibungen keinen Anspruch auf Vollständigkeit. Wir wollen unsere Leser*innen neugierig machen und zum näheren Hinsehen inspirieren. Dabei ist uns das respektvolle Agieren mit der Umwelt ein besonderes Anliegen. Vielleicht lassen sich beim Erwandern der botanischen Stadtgeschichte sogar Erkenntnisse für die Gestaltung der Zukunft gewinnen.

Viel Vergnügen!

DANKE

Auf vielerlei Art und Weise haben zahlreiche Menschen und Institutionen zum Entstehen dieses Buches beigetragen. Wir bedanken uns herzlich bei:

Marianne Kohler-Schneider, Florian Kunz, Ursula Nopp-Mayr und Sabine Plenk von der Universität für Bodenkultur, Harald Brenner vom Biosphärenpark Wienerwald, Markus Grohmann vom Gärtnerhof GIN, Claudia Gröschel von der Österreichischen Gartenbaugesellschaft, Klaus Lohrmann von der Universität Wien, Alexandra Wieshaider von den Österreichischen Bundesforsten, Günther Wimmer von den Österreichischen Bundesgärten, Barbara Knickmann und David Bröderbauer vom Botanischen Garten der Universität Wien, Michaela Vogl von den Elisabethinen Linz – Wien, Trude Neuhold vom Bezirksmuseum Hernals, bei den Bezirksmuseen Hietzing und Ottakring sowie dem Marktamtsmuseum. Außerdem bei Hanna Bergsman, Florian Herzog, Katharina Six und Maria Warnung.

Marko Iljić, staatlich-geprüfter Fremdenführer und Mitbegründer der Austria Guides For Future, sowie Monika Kriechbaum von der Universität für Bodenkultur konnten wir als Fachlektor*innen gewinnen.

Unser Verleger Siegmar Schlager und Susanne Schwameis vom Falter Verlag, der Lektor Helmut Gutbrunner, die Grafiker*innen Marion Großschädl und Reini Hackl, die Fotoredakteurin Karin Wasner sowie die Illustratorin Silvia Ungersböck haben uns bei der praktischen Umsetzung unserer Ideen begleitet und wertvolle Beiträge geliefert.

WEIN IN DER STADTLANDSCHAFT

VOM FRANZ-JOSEFS-KAI ÜBER DAS BLUTGASSENVIERTEL IN DIE BALLGASSE

LÄNGE, DAUER UND CHARAKTERISTIK:
2,3 km, 1 bis 2 Stunden
Ein kurzer Stadtspaziergang durch den noch mittelalterlich geprägten Teil des ersten Bezirks

Wein und Wien stehen seit Jahrhunderten in einer innigen Liebesbeziehung. Wein wird nicht nur gerne in den vielen Heurigen und anderen Lokalitäten der Stadt genossen, sondern auch hingebungsvoll im Wienerlied besungen – schließlich verdankt das mittelalterliche Wien seinen Aufschwung zu einem der damals bedeutendsten und reichsten Zentren Europas diesem Genussmittel pflanzlichen Ursprungs. Dieser Spaziergang führt uns vom Wasser zum Wein, vom Donaukanal in die verwinkelten Gassen des historischen Stadtkerns. Dort finden wir zwar keine Weingärten vor, doch lassen sich nahe Verwandte unserer heutigen Kulturrebe aufspüren. Auf unserem Weg werfen wir immer wieder einen Blick in die spannende Vergangenheit und machen auf die tragende Rolle der Nutzpflanze Wein für die Wiener*innen aufmerksam – von den prähistorischen Anfängen bis in die Frühe Neuzeit.

Von der Terrasse der Schiffsstation am **Franz-Josefs-Kai 2** bietet sich uns ein freier Blick Richtung Norden über den Donaukanal und weiter bis zum Wienerwald. Bei guter Sicht erkennen wir auch die Weingärten, die sich dort sanft an die Hänge schmiegen. Bis heute ist Wien die einzige Hauptstadt Europas, die über einen nennenswerten Weinbau innerhalb der Stadtgrenzen verfügt. Auf aktuell knapp 600 Hektar wird vor allem im Westen und Nordwesten der Stadt Wein kultiviert. Rund 180 Betriebe produzieren um die 2,5 Millionen Liter Wein pro Jahr. Den heutigen Sortenspiegel, also die Aufstellung der kultivierten Rebsorten, dominieren in Wien flächenmäßig die weißen Sorten Grüner Veltliner und Riesling, Chardonnay sowie Weißburgunder und die Rotweinsorte Zweigelt. Im Laufe der Geschichte veränderte sich das Spektrum der Rebsorten in Wien aber sehr häufig. Alte Sortenraritäten findet man noch am ehesten an Haus- und Kellermauern wachsend oder in sehr alten Weingärten mit Gemischtem Satz. Hierbei werden unterschiedliche Sorten gemeinsam gepflanzt, geerntet und verarbeitet. So entstehen Weine mit nuancenreichem Geschmacksbild, die zugleich eine Art Risikominimierung darstellen. Produzierten in der Vergangenheit viele österreichische Weinbaugebiete Gemischten Satz, so setzten sich im 20. Jahrhundert landesweit reinsortige Bestände durch. In Wien blieb man ihm mit aktuell immerhin etwa einem Fünftel der städtischen Anbaufläche treu.

Die meisten Weingärten der Stadt haben mittlerweile ihre einstige Sortenvielfalt verloren. Verantwortlich dafür ist nicht zuletzt der gesetzliche Rahmen: Nur registrierte und klassifizierte Sorten sind für Neuanpflanzungen zugelassen. „Österreichisch Weiß", auch „Kahlenberger Weiße" genannt, ist eine Wiener Sortenrarität, die trotz dieses strengen Reglements in einigen wenigen Rebanlagen noch zu finden ist. *„Die Sorte ist sehr ertragreich und gibt wohlschmeckende, aber saure Weine. Diese wurden als Gebirgsweine bezeichnet und von den Wiener Weintrinkern, erst nach Vermischen mit Wasser, getrunken"*, schreiben Babo/Mach 1909 in ihrem „Handbuch des Weinbaues". Wer „Österreichisch Weiß" in Natura sehen und sich einen Eindruck davon verschaffen möchte, wie Wiener Weingärten in vergangenen Tagen ausgesehen haben, dem oder der empfiehlt sich ein kleiner Ausflug ins Wiener Umland. In Bisamberg bewirtschaftet Johannes Friedberger einen Weingarten, der zahlreiche historische Sorten beherbergt. Obwohl es einen deutlichen Mehraufwand bedeutet, werden die Reben dort in der historischen Form der Stockkultur, einer niedrigen Erziehungsform ohne Drahtrahmen, gezogen. Die Bearbeitung der Fläche erfolgt überwiegend mit dem Pferd. Eine Besichtigung der Anlage ist nach vorheriger Anmeldung möglich. Die Weine können in der Buschenschenke verkostet werden.

Weingut Johannes Friedberger, Badgasse 4, 2102 Bisamberg
Tel. 0664/73 68 18 85, johannes.friedberger@aon.at
www.friedberger.at

Wir queren die Straße und gelangen zum Morzinplatz, von wo sich uns ein guter Blick auf die **Ruprechtskirche**, die älteste Kirche Wiens, eröffnet. Steigen wir nun die Stiege hinauf, blickt uns der namensgebende Heilige, der Schutzpatron der Salzschiffer, grimmig von der Kirchenmauer aus an. Er hält ein Salzfass in seiner Linken. Der Reichtum des mittelalterlichen Wiens geht partiell auf den Handel mit diesem Würz- und Konservierungsmittel zurück. Noch bedeutsamer waren für die Stadt jedoch die Produktion und der Handel mit Wein. Mitte des 15. Jahrhunderts wurden mehr als neun Millionen Liter exportiert. Dazu kamen fast fünf Millionen Liter für den Privatkonsum der Bevölkerung und die Ausschank in der Stadt und den Vororten. Die Anbauflächen erstreckten sich überwiegend jenseits der Stadtmauer bis zu den Hängen des Wienerwaldes – im 13. Jahrhundert sogar hinauf bis zum Hermannskogel. Doch auch innerhalb der Stadtmauern wurde Wein kultiviert. Grundbesitzer waren die Wiener Bürgerschaft, Klöster und der Landesfürst. Verglichen damit, wirkt die heutige Produktionsmenge bescheiden.

Bei der Entfaltung der Weinkultur im Raum Wien spielte das günstige Klima eine entscheidende Rolle. Die Zeit von circa 800 bis 1200 n.u.Z. war besonders mild: die Sommer waren trocken und warm, in den Frühlings- und Herbstmonaten gab es kaum Fröste. Dieser Umstand wirkte sich förderlich sowohl auf die Qualität als auch auf den Ertrag aus. Auch später noch wird in historischen Aufzeichnungen immer wieder von Jahren mit besonders guten Ernten berichtet: 1313 etwa war die Weinernte so reich, dass man es fast nicht schaffte, alle Trauben zu verarbeiten, und in den Kellern die Fässer knapp wurden.

Der Humanist und spätere Papst Enea Silvio Piccolomini zeigt sich um 1438 in seiner Beschreibung Wiens als reiche und prächtige Stadt höchst beeindruckt von der Weinlese: *„aber kein Tag vergeht, an dem nicht 300 mit Wein beladene Wagen zwei- ja dreimal einfahren. 1200 Pferde spannt man täglich an, um die Weinernte einzubringen [...] Es ist nicht zu sagen, welche ungeheure Masse Wein eingefahren wird, der theils in Wien selbst getrunken, theils ins Ausland die Donau aufwärts unter großen Anstrengungen versandt wird."*[1] Die Weinernte wurde zu jener Zeit noch vornehmlich in die bürgerlichen Häuser der Stadt gebracht, wo auch gepresst und gekeltert wurde.

In der **Seitenstettengasse**, im Bereich des heutigen Stadttempels, befand sich bereits um 1200 n.u.Z. Wiens erste Synagoge. Es war das jüdische Bethaus des Schlom, der vom Babenberger Leopold V. mit Münzangelegenheiten betraut worden war. Vermutlich aus Regensburg, war er der erste namentlich bekannte Jude, der in Wien lebte. Aus historischen Urkunden wissen wir, dass er bezüglich der Besitzverhältnisse rund um einen oder mehrere Weingärten, vermutlich in Nussdorf oder Grinzing, in einen Rechtsstreit verwickelt war. 1196 wurde er gemeinsam mit anderen jüdischen Mitgliedern seines Haushalts von durchreisenden Pilgern ermordet.

Das Judenprivileg Kaiser Friedrichs II. von 1238 gewährte den Jüd*innen Schutz und Rechte und erlaubte ihnen außerdem den Handel mit Wein. Als essenzielles Glied in der mittelalterlichen Geldleih- und Pfandwirtschaft förderten sie den Weinbau indirekt durch die Vergabe von Darlehen an Wiener Bürger*innen. Diese Entwicklung fand mit der Wiener Gesera 1420/21, der gewaltsamen Vertreibung und Ermordung der jüdischen Gemeinde, ein jähes Ende.

[1] Ilgen, 1889.

An den Ecken des Hauses **Hoher Markt 8–9** erinnern mehrere Gedenktafeln an den ehemaligen Berghof, der spätestens seit dem Ende des 13. Jahrhunderts an dieser Stelle existierte. Die Wein kultivierende Bürgerschaft hatte hier an die Landesfürsten ihre Abgaben zu entrichten. Diese wollten am florierenden Geschäft mit dem Wein immer auch mitverdienen – sei es in Form von Naturalien oder Geld. So führte der findige Rudolf IV. Mitte des 14. Jahrhunderts mit dem sogenannten *Ungeld* eine saftige Getränkesteuer ein.

Die Bedeutung des Weins als Wirtschaftszweig der Stadt, lässt sich auch an der Stadtchronik ablesen: Restriktive Importbestimmungen und Zölle sollten immer wieder den heimischen Markt vor Weinen aus Ungarn und Südeuropa schützen. Als der ungarische König Matthias Corvinus 1477 Wien belagerte, zahlte die Stadt ein beträchtliches Lösegeld, um die Traubenernte jenseits der Mauer einfahren zu können.

Am **Hohen Markt 3** erinnert das **Römermuseum** daran, dass wir nicht nur den mittelalterlichen Stadtkern durchschreiten, sondern uns gleichzeitig auf dem einstigen Römischen Lager Vindobona bewegen. Wein war im Imperium Romanum ein unverzichtbares Getränk, das auch für die hier stationierten Legionen bereitgestellt werden musste. So begannen die Römer im Donauraum im 1. Jahrhundert n.u.Z. mit der systematischen Kultivierung von Wein. Bald darauf wurde diese Entwicklung mit einem Anbauverbot nördlich der Alpen gebremst. Der Getreideanbau sollte forciert und zugleich der Weinabsatz des römischen Kernlandes nicht gefährdet werden. Mit Beginn seiner Herrschaft 276 hob Kaiser Probus diese Beschränkung wieder auf und förderte die Weinkultur auch im Wiener Raum. Probus ließ süße, griechische Rebsorten importieren, die dann mit lokalen wilden Weinsorten und alteingesessenen Kulturreben gekreuzt wurden.

Doch auch schon vor den Römern könnten erste Anfänge einer eigenständigen Weinbaukultur in dieser Gegend existiert haben. Der bislang älteste Nachweis von urgeschichtlichem Kulturwein in Mitteleuropa stammt aus der spätbronzezeitlichen Wallbefestigung von Stillfried an der March, etwa eine Autostunde von Wien entfernt. Dort wurden zwei Traubenkerne entdeckt, die aus der Zeit um 900 v.u.Z. stammen. Es ist nicht ganz sicher, ob diese Kerne auf lokalen Weinbau hinweisen, denn sie könnten auch auf importierte Rosinen zurückgehen. Das Gleiche gilt für Kulturweinfunde aus der Eisenzeit, in der allerdings der Weingenuss bereits einen hohen gesellschaftlichen Stellenwert hatte. Der Weinbedarf wurde damals vor allem durch mediterrane Importe gedeckt, allfälliger lokaler Weinbau dürfte eher noch experimentellen Charakter gehabt haben.

Obwohl die **Wilde Weinrebe** *(Vitis vinifera* subsp. *sylvestris)* in ganz Südeuropa verbreitet ist und auch in Österreich natürlicherweise in den Donau- und March-Auen (→ S. 191) vorkommt, entstand der Weinbau im Kaukasus, ganz im Osten des natürlichen Wildreben-Verbreitungsgebiets. Dort wurde schon im 5. Jahrtausend v.u.Z. die Wildform in Kultur genommen und zur Edlen Weinrebe *(Vitis vinifera* subsp. *vinifera)* weiterentwickelt. Vom Kaukasus ausgehend breitete sich der Weinbau im Mittelmeerraum aus und verdrängte überall die bis dahin übliche Nutzung wilder Weinbeeren als Sammelfrüchte. Aus einer kletternden Auwald-Liane, deren eher saure Früchte in den Baumkronen reiften und nur auf weiblichen Pflanzen zu finden waren, wurde in Kultur eine zwittrige Pflanze mit süßen Beeren, deren Vermehrung durch Stecklinge erfolgt und die auf Stöcken bodennah gezogen wird.

Obwohl sich der Weinbau im Lauf der Jahrtausende weit über das Verbreitungsgebiet der Wildrebe ausgedehnt hat, gedeiht Kulturwein natürlich in den Landschaften am besten, in denen es auch die Wildform gab. Deshalb zählt der Wiener Raum zu jenen Regionen innerhalb Österreichs, die für ertragreichen Weinbau attraktiv sind. Klimatische Extreme hinterlassen dennoch ihre Spuren und beeinflussen Erntemenge und Qualität nachteilig. Da sich außergewöhnlich heißes oder kaltes Wetter während des Traubenwachstums direkt auf Zuckerauf- und Säureabbau in den Früchten auswirken,

Wilde Weinrebe
(*Vitis vinifera* subsp. *sylvestris*)

nutzen Historiker*innen diesen unmittelbaren Zusammenhang zwischen Witterung und Weingüte häufig, um klimatische Entwicklungen für Zeiten ohne meteorologische Messungen zu rekonstruieren.

Halten wir uns links, sind es nur wenige Schritte bis zum **Lugeck**, das einst vom Regensburger Hof, der großen Handelsdependance der süddeutschen Kaufleute, dominiert wurde. Später wandelte es sich zu einem Nobelwirtshaus, zu dessen Gästen sogar König Corvinus und Kaiser Friedrich III. zählten. Letzteren sehen wir hoch oben an der Fassade des Nachfolgebaus als Statue stehen. Hier wurde anlässlich der Feierlichkeiten rund um die Wahl Maximilians II. zum römisch-deutschen König ein Weinbrunnen aufgebaut. Aus diesem über zwölf Meter hohen Gebilde floss aus mehreren Röhren roter und weißer Wein, zur freien Entnahme für das Volk.

Durch diese Freigebigkeit demonstrierte der Herrscher gleichzeitig seine Macht, denn lange Zeit tranken die Weinbäuer*innen ihren eigenen Wein oft selbst nicht, sondern begnügten sich mit dem Haustrunk. Hierfür weichte man die gepressten Trauben in Wasser ein. Der so gewonnene Auszug wurde anschließend vergoren und ergab ein einfaches Alltagsgetränk.

Teurer Wein und verseuchtes Wasser begrenzten das Spektrum an verfügbaren Getränken bis in die Frühe Neuzeit. Met, Most und Bier ergänzten die Auswahl. Der öffentliche Konsum von Speis und Trank war oft auch mit der Demonstration des sozialen Status verbunden. Bis ins 17. Jahrhundert war ausgedehnter Weinkonsum der Ober- und Mittelschicht vorbehalten. Das Trinken von Wasser war lange Zeit ein Zeichen von Armut und der bewusste Verzicht auf alkoholische Getränke galt als asketische Übung. Zu einer Reduktion des Alkoholkonsums dürfte in Wien jedoch die Verbreitung eines anderen Genussmittels pflanzlichen Ursprungs gesorgt haben, viel mehr noch als die Traktate gegen den Alkoholmissbrauch: der Kaffee. Als „großer Ernüchterer" setzte er im ausgehenden 18. Jahrhundert zu seinem Siegeszug an.

Die Ausschank von Wein war im Mittelalter uneingeschränktes Privileg der Bürger*innen, dem Adel war diese innerhalb der Stadtmauern verboten. Das Wirtshaus als öffentlicher Ort des Trinkens war zu dieser Zeit auch ein ausgesprochen maskuliner Raum, in dem sich Frauen ohne Begleitung nicht aufhalten konnten, ohne ihren Ruf zu gefährden. Wien war bekannt für seine zahlreichen Weinstuben. *„Der Wein, er war vom Besten / Der Leid in Freude wandelt / Und dazu hatten sie erhandelt, / In fürstlicher Weise / Schmackhafte Speise [...]"*[2] So wird die Stadt in einem beliebten Trinklied des Mittelalters gelobt. Wir finden darin auch einen Hinweis darauf, wie Wein getrunken wurde: *„Er ließ holen aus ganz Wien, / Was es da gab an Latwergen, / In dem Weine es zu bergen, / Muskat, Ingwer und Galgant, / Einer, der sich drauf verstand, / Tat Rosinen auch hinein, / Und so tranken sie den Wein, / Den gewärmt*

[2] Opll, 1995.

Weinbrunnen am Lugeck, aufgestellt anlässlich des Einzugs Maximilians II. (kolorierter Holzschnitt von Donat Hübschmann, Wien Museum)

und jenen kalt, / Daß die Jungen wurden alt / Und die Alten wieder jung. / ...“ [3] Die Qualität des mittelalterlichen Weins ist bei weitem nicht mit der heutiger Weine vergleichbar. Er wurde mit viel Wasser gemischt, Zusätze waren gang und gäbe. Diese Geschmacksverbesserungen nahmen im Laufe der Zeit solche Auswüchse an, dass 1487 explizit die Zugabe von Lauge, Safran, Asche, Kalk, Senf, Speck, Most, Bleiweiß und anderem untersagt wurde.

Passieren wir die Durchhäuser, die vom Lugeck Nummer 5 wegführen, so stehen wir plötzlich mitten im Herzen der Stadt, direkt vor dem Nordturm des **Stephansdoms.** Für seinen Bau wurde auch Wein verwendet – dies geschah allerdings eher unfreiwillig. Als sich Mitte des 15. Jahrhunderts das Klima verschlechterte,

[3] Ebd.

führte dies vermehrt zu Missernten. Der Jahrgang 1450 war von so geringer Qualität, dass Friedrich III. ein Konsumverbot verhängte. Somit wurde der Wein dem Mörtel beigemischt, der für den Bau des Nordturms verwendet wurde. Schlechte Jahre konnten teilweise auch existenzbedrohende Auswirkungen haben, stellte Weinbau bis ins 17. Jahrhundert doch einen der wichtigsten Wirtschaftszweige dar. Um 1600 besaßen über die Hälfte der hausbesitzenden Bürger*innen auch Weingärten, für viele reichte dies als Lebensgrundlage aus. Der Abstieg des einst so florierenden Wirtschaftszweiges lässt sich weniger auf den Klimawandel als auf die sozioökonomischen Veränderungen der Neuzeit und die Zerstörung der landwirtschaftlichen Flächen im Zuge der Zweiten Osmanischen Belagerung zurückführen. Viele Bürger*innen verkauften in der Folge ihren Besitz an Adelige – der barocke Bauboom setzte ein. Anstatt der Weingärten legte sich bald ein Gürtel herrschaftlicher Besitzungen um Wien (→ S. 98). Die große Zeit des Wiener Weinbaus war passé, die Weingärten wurden an den Stadtrand gedrängt.

Hinter dem Stephansdom tut sich ein herrliches Gewirr an kleinen Gassen, Innenhöfen und Durchhäusern auf. Als halböffentliche Räume sind letztere unter Rücksichtnahme auf die Bewohner*innen untertags zumeist begehbar. Bei **Haus Nummer 4** gelangen wir durch einen Gang direkt in die **Höfe des Deutschen Ordens.** Wenige Schritte abseits des Trubels rund um den Dom betreten wir eine Oase der Ruhe. Vom Frühjahr bis in den Herbst hinein zieren blühende Topfpflanzen die Freiflächen, Wilder Wein rankt sich üppig die Wände hoch. Eine Bank lädt zum Verweilen ein.

Der Schanigarten des Teehauses Haas&Haas wird von einer begrünten Wand abgeschirmt. Hier findet sich auch eine Direktträger-Rebsorte mit auffallend großen Blättern und blauen Trauben im Herbst. Direktträger wurden ursprünglich Ende des 19. Jahrhunderts aus den USA nach Europa eingeführt, um der Reblaus entgegenzutreten, die zu dieser Zeit auf dem Kontinent wütete. Botanisch gesehen gehen sie auf andere Arten innerhalb der

Weinrebengattung zurück, die sich gegenüber dem invasiven Wurzelschädling resilient zeigen. So kommen diese erfolgreich als Unterlagsreben zum Einsatz: Die Edelrebsorten werden auf sie aufgepropft.

Von der Singerstraße 11 aus führt ein Weg durch den Innenhof, der von einer prächtigen Platane beschattet wird, in die **Nikolaigasse.** Neben dem dunklen Efeulaub leuchten auch hier im Herbst kräftig rot die Blätter des Wilden Weins. Dieser Art mit den auffälligen, dreizackigen Blättern begegnen wir nochmals als üppige Mauerbegrünung, wenn wir vis-à-vis der Grünangergasse 8 die Treppe zur **Kumpfgasse** hinuntersteigen.

Die echte Wilde Weinrebe *(Vitis vinifera* subsp. *sylvestris)* ist selten geworden. Mit etwas Glück findet man sie aber bei einem Spaziergang in den Donauauen (→ S. 191). Die lockeren Trauben werden von kleinen, fünf bis sieben Millimeter großen Beeren gebildet, die sich mit zunehmender Reife blauschwarz färben. Bereits im Spätneolithikum wurden sie als Wildobst gesammelt.

Jungfernrebe
(Parthenocissus)

Nicht zu verwechseln ist die echte Wilde Weinrebe mit **Wildem Wein,** der zwar ebenso in die Familie der Weinrebengewächse *(Vitaceae)* eingeordnet wird, jedoch in der botanischen Ordnung eine Gattung für sich darstellt. Unter dem Begriff *Wilder Wein* werden die verschiedenen Arten der **Jungfernrebe** *(Parthenocissus)* zusammengefasst. Deren ursprüngliche Heimat ist der Osten Nordamerikas. Mittlerweile sind die Mitglieder dieser Gattung bei uns gut eingebürgert und kommen an vielen Standorten in Wien wild vor. Sie werden aber auch häufig als Kletterpflanze kultiviert, üppig wuchernd können sie innerhalb einiger Jahre ganze Hauswände für sich einnehmen und dicht begrünen.

Links befindet sich der sogenannte **Neuberger Hof,** der ursprünglich den Zisterziensern gehörte. Diese zählen zu jenen Orden, die im Mittelalter den Weinbau in Wien vorantrieben. Ausgehend von Frankreich zog sich ein Netzwerk an Klöstern dieser Ordensgemeinschaft über weite Teile Europas. Es ist also davon auszugehen, dass es Zisterzienser waren, die die burgundische Weinkultur und auch die dazugehörigen Sorten in die Stadt brachten.

Folgen wir der Kumpfgasse nun nach rechts, passieren wir ein Haus, über dessen Eingang sich vergnügte Putti dem Trinkgenuss hingeben – ein beliebtes Motiv an Wiener Fassaden. In der Singerstraße erblicken wir das Franziskanerkloster. Eine Aufschrift macht uns darauf aufmerksam, dass sich unter diesem Kloster ein Weinkeller befindet. In Piccolominis Stadtbeschreibung findet sich auch die Bemerkung, die Weinkeller unter den Häusern seien so geräumig, dass sich unter der Stadt quasi eine zweite verberge. Über den stimmungsvollen Franziskanerplatz gelangen wir zu einem Torbogen – dem Eingang zur **Ballgasse.** Krümmung und Kopfsteinpflaster lassen uns hier wieder an das mittelalterliche Wien denken. Die bunte Lokalszene hier ist allerdings alles andere als mittelalterlich. So werden beispielsweise in der Veinkost Pepper & Ginny neben pflanzlichen Köstlichkeiten auch vegane Weine angeboten.

Wie Weine vor der Technisierung der Kellerwirtschaft geschmeckt haben könnten, lässt sich heute vielleicht am ehesten beim Genuss von *Naturweinen* erfahren. Der Traubenqualität wird viel Platz eingeräumt, die Weingärten werden umsichtig und nach biologischen oder biodynamischen Standards bewirtschaftet. Bei der Herstellung der Weine wird auf Reinzuchthefen sowie das Geschmacksbild verändernde Weinschönungen aus dem Labor verzichtet. Bei der Weinbereitung schwört man auf die natürlich vorhandenen Hefen, die an den Traubenschalen haften. Sie führen zu einem spezifischen Geschmacksbild, das jeden Wein für sich unverwechselbar macht. Häufig werden Naturweine vor dem Füllen auch nicht filtriert und Schwefel als Haltbarmacher kommt nicht oder nur in geringen Mengen zum Einsatz. Ganz nebenbei bedienen Naturweine auch oft den Anspruch der veganen Herstellungsweise, da eben auf Schönungsmittel, auch auf solche tierischer Herkunft wie Eiweiß oder Gelatine, verzichtet wird.

Ein paar Schritte weiter finden wir an der Ecke zur Blumenstockgasse einen Stadtheurigen – eine Seltenheit, sind doch die meisten Heurigen in den Randbezirken, in unmittelbarer Nähe der Weingärten angesiedelt. Traditionell wurde Wein in rustikalen Vorortlokalen ausgeschenkt. Grünes Reisig zeigte dabei an, ob es den *Heurigen,* also den aktuellen Jahrgang, zu trinken gab. Eine Verordnung Josephs II. von 1784 erlaubte nun Winzer*innen ohne Konzession, selbst erzeugten Wein, Most und Obstsäfte auszuschenken. Im ausgehenden 19. Jahrhundert begann der Konsum in den Vororten schließlich zu boomen: In den Lokalen vor dem Linienwall, der sich von einer Verteidigungsanlage hin zu einer Steuergrenze gewandelt hatte, war der Genuss von Speis und Trank wesentlich billiger als in der Stadt. Zunehmend erschwingliche und schnellere Transportmöglichkeiten brachten die städtischen Gäste nach Grinzing, Währing, Mauer oder Sievering – Ecken der Stadt, in die sich auch heute noch ein Ausflug lohnt. Hier können lokale Weinspezialitäten in unmittelbarer Nähe ihres Herkunftsortes genossen werden. Denn nach wie vor sind Weingärten ein prägendes Element der Kulturlandschaft an den Rändern Wiens.

Obwohl die Zeit der Weingärten in den inneren Bezirken Wiens längst Geschichte ist, verbirgt sich am **Schwarzenbergplatz** vor dem Palais Wiener von Welten der *kleinste Weingarten Wiens.* Es sind ein paar wenige Rebstöcke unterschiedlicher Sorten, deren Trauben im Herbst von Bürgermeister, Dompfarrer und einigen hochrangigen Stadtbeamten geerntet werden. Die wenigen, exklusiven Weinflaschen, die jährlich aus dieser Ernte hervorgehen, werden versteigert. Der Erlös kommt karitativen Zwecken zugute.

STADTWILDNIS

VOM MINORITENPLATZ BIS NACH HEILIGENSTADT

LÄNGE, DAUER UND CHARAKTERISTIK:
6 km, 4 Stunden
Einfacher Stadtspaziergang auf fast ausnahmslos befestigten Wegen, der botanisch in den Frühlings- und Sommermonaten besonders lohnend ist.

Auf diesem Spaziergang, der uns vom dichtbebauten ersten Bezirk bis an den südöstlichen Rand Döblings führt, widmen wir uns der wilden Seite der Wiener Pflanzenwelt. Wir richten unseren Fokus auf Arten, die zwar weitgehend ohne Absicht, wohl aber durch unbewusste Mithilfe des Menschen urbane Strukturen besiedeln. Mauerspalten, Pflasterritzen und sich selbst überlassene Randbereiche der Infrastruktur – all diese Plätze werden von anpassungsfähigen Spezialisten genutzt, um ihrer Spezies den Fortbestand zu sichern. Stadtbrachen sind eine Naturerlebniswelt für sich. Als wertvolle ökologische Nischen im Großen wie im Kleinen sorgen sie dafür, dass der urbane Raum teilweise eine größere Artendichte aufweist als ländliche Siedlungsräume und landwirtschaftlich intensiv genutzte Flächen. Manche der hier beschriebenen Pflanzen sind an genannter Stelle vielleicht durch Pflegemaßnahmen verschwunden. Möglicherweise haben sie aber von sich aus entschieden, dass ein anderer Platz ihren Bedürfnissen nun besser entspricht. Es empfiehlt sich jedenfalls, Bestimmungsliteratur oder eine entsprechende App zu nutzen, denn mit Sicherheit werden wir spannende botanische Entdeckungen machen.

Selbst im stark versiegelten ersten Bezirk gibt es Plätze, an denen sich jede Menge Wildpflanzen finden lassen. Zunächst entziehen sie sich der allgemeinen Aufmerksamkeit, überraschen bei genauerem Hinsehen jedoch mit ihrer Dichte und Vielfalt. Wir beginnen unseren Spaziergang auf dem **Minoritenplatz.** Auf dem rekonstruierten Grundriss des alten gotischen Langchors der Kirche wurde ein naturnah gestaltetes Rabatt angelegt, das Wildrosen, Flieder, Lavendel und Weißdorn beherbergt. Ein Paradiesbaum wächst aus dem Schatten der Kirche der Sonne entgegen.

Bei einer Umrundung der Freifläche lassen wir nun den Blick zu Boden gleiten. In den Pflasterritzen und Mauerspalten können wir einiges entdecken: unzählige Arten auf kleinstem Raum, meist winzig klein infolge der Enge und Kargheit ihres Lebensraumes. Hier finden sich Pflanzen, welche die sonnenbeschienenen Pflastersteine schätzen. Viele der vorkommenden Arten entstammen ursprünglich wärmeren Gebieten, doch das mediterrane Mikroklima lässt sie auch hier gedeihen. Der große Vorteil eines solchen Standorts ist, dass es kaum konkurrierende Arten gibt. Mit der Belastung durch das Schuhwerk der Spaziergänger*innen kommen diese sogenannten Ruderalpflanzen gut zurecht. Die Bezeichnung entspringt dem lateinischen *ruderis* für Schutt.

Die Überlebensstrategie des filigran anmutenden Hirtentäschels *(Capsella bursa-pastoris)* lautet Schnelligkeit. Wenige Wochen nach der Keimung bildet die Art Blüten aus. Werden Pflanzen beispielsweise durch Pflegemaßnahmen entfernt, können sie häufig schon Samen abwerfen und so die Vorräte im Boden auffüllen. Temperatur, Feuchtigkeit, Lichtintensität und weitere Umweltfaktoren werden von den im Erdreich ruhenden Samen genauestens registriert. Bei passenden Bedingungen wächst die nächste Generation heran. Bleiben die Lebensumstände günstig, bildet das Hirtentäschel immer wieder aufs Neue Samen und keimt fast das ganze Jahr hindurch. Obwohl es eigentlich zu den einjährigen Pflanzen zählt, lebt es so häufig weit länger als zwölf Monate.

***„Pflanzenfreund*innen
sehen nicht die Steine,
sondern die Ritzen dazwischen.
Denn diese Pflasterritzen
bedeuten Wildpflanzen-
standorte.“***

Wolfgang Holzner

Hirtentäschel
(Capsella bursa-pastoris)

Im Gegensatz zur Segetalvegetation, der Un- oder Beikrautvegetation bewirtschafteter Felder (→ S. 187), besiedelt Ruderalvegetation Straßenränder, Schotterhaufen, Bahnböschungen und Pflasterritzen, also Orte, die durch menschliche Tätigkeit geschaffen, aber nicht unmittelbar genutzt werden. Wo heiß-trockene und schattig-feuchte, nährstoffreiche und magere Standorte derartig dicht miteinander verzahnt sind wie in Städten, lässt sich ein entsprechend positiver Einfluss auf die Pflanzenvielfalt feststellen.

Der ursprüngliche Lebensraum der Ruderalflora war vermutlich kleiner als heute und vielfältiger Natur: Ufer von Fließ- und Stehgewässern, salzreiche, raue Standorte an Meeresküsten und Rutschungsflächen etwa boten Pflanzen in einer Zeit vor menschlicher Einflussnahme Nischenlebensräume. Die weitere Evolution dieser Arten erfolgte dann in Anpassung an den Menschen. Auch ihr heutiges Auftreten ist durch seine Eingriffe in die Naturlandschaft bedingt. Sie sind die Voraussetzung für die immerwährende Neubildung dieser spezifischen Flora, die ansonsten bald von Gehölzen abgelöst würde.

Hier auf dem Minoritenplatz erscheinen im Frühling die kleinen, unauffälligen Blüten von Vogelmiere und Ehrenpreis in Weiß und Blau, etwas später im Jahr die gelben verschiedener Raukenarten. Wir entdecken die zarten, grundständigen Rosetten eines Storchschnabels und die dicken, wasserspeichernden Blätter des sukkulenten Mauerpfeffers. Auch zwei alten Heilpflanzen begegnen wir hier: Hirtentäschel und Behaartem Bruchkraut. Rasch bekommen wir eine Ahnung vom Umfang und der Vielfalt der städtischen Flora. Alleine hier auf diesem Platz könnten wir sehr lange Zeit damit verbringen, die ansässigen Arten zu bestimmen.

Im Mittelalter waren nur die wichtigsten Straßen und Plätze gepflastert. Einem Beispiel dafür begegnen wir auf der Freyung (→ S. 58). Über das Pro und Contra von Pflastersteinen gegenüber einer Komplettversiegelung wird heute im Vorfeld von Platzgestaltungen häufig diskutiert. Meist fällt die Entscheidung wegen der geringeren Kosten und aus Gründen der Praktikabilität gegen Pflasterungen. Mittlerweile gibt es jedoch auch einige neu gestaltete Plätze in Wien, bei denen man sich nicht nur bewusst für Pflaster entschieden hat, sondern auch für größere Abstände zwischen den Steinen, um Wildpflanzen einen besiedelbaren Lebensraum zu bieten. Der Platz vor dem Haus des Meeres, der von Carla Lo gestaltet wurde, ist ein Beispiel dafür.

Auf dem Weg zum Mölker Steig beobachten wir nun, wie auf den stärker versiegelten, in größerem Ausmaß begangenen und befahrenen Straßen die Pflanzendichte abnimmt, um im reichen Angebot an Pflasterritzen und Mauerspalten der **Mölkerbastei** wieder allgegenwärtig zu werden. Besonders die zierlichen Streifenfarne an der Ziegelmauer linker Hand fallen ins Auge. Diese gedeihen in der Natur an Felswänden und zeichnen sich durch große Widerstandsfähigkeit gegenüber Trockenheit und Frost aus. Sie entwickeln sich aber äußerst langsam – die Entstehung einer naturbegrünten Mauer kann dementsprechend Jahrhunderte dauern. Ebenfalls lohnend ist der Blick auf die schräg dem Ring zugewandte Seite der Bastei. Die abschüssige Grünfläche scheint weitgehend sich selbst überlassen. Wir gehen die Häuserzeile entlang und entdecken einen mächtigen Baum, dessen Wurzeln die Pflastersteineinfassung überwachsen. Zu einigen gepflanzten Gehölzen und Zierstauden haben sich Holunderbüsche und Efeu gesellt. Auch auf einen Maulbeerbaum treffen wir hier.

Die aus Asien stammende **Weiße Maulbeere** *(Morus alba)* stellte einst in Wien die Grundlage für die Herstellung von Naturseide dar. Der Seidenspinner ernährt sich von den Blättern dieser Baumart – aus dem Kokon des Falters kann ein knapp ein Kilometer langer Faden des begehrten Textilrohstoffes gewonnen werden.

Maria Theresia förderte die Pflanzung von Maulbeerbäumen, um die heimische Seidenindustrie anzukurbeln. In der Vorstadt Margareten entstand während ihrer Regierungszeit die erste Maulbeerbaumschule der Stadt, die unentgeltlich Pflanzgut verteilte. In den Anfangsjahren gab diese über eine Viertelmillion Bäume ab, die in Wien und Niederösterreich gepflanzt wurden. Trotz aller

Bemühungen kam das Projekt der Herrscherin aufgrund von billigen Importen aus Übersee nicht so recht in Schwung. Auch die zaghafte zweite Blüte der Wiener Seidenproduktion zu Beginn des 19. Jahrhunderts war nur von kurzer Dauer.

Maulbeerbäume können ein erstaunliches Alter erreichen, wachsen aber zunächst sehr langsam: Ein denkmalgeschütztes Exemplar kann im dritten Bezirk, im Kloster der Elisabethinen Linz-Wien auf der Landstraßer Hauptstraße bewundert werden. Da der Baum etwas versteckt im Innenhof wächst und nicht frei zugänglich ist, empfiehlt sich eine vorherige Anmeldung. Das Naturdenkmal Nummer 4 ist vermutlich eines der ältesten der Stadt, bereits 1710 wurde es schriftlich erwähnt. Um den Baum rankt sich auch eine Legende: Als die Ordensschwestern zu Beginn des 18. Jahrhunderts nach Wien kamen, sollen sie bereits unter ihm gerastet haben, um sich so nach ihrer beschwerlichen Reise auf die Gründung des neuen Klosters vorzubereiten.

Wir bekommen einen Eindruck davon, wie Sukzession (→ S. 176) selbst auf solide bebautem Gelände auf lange Sicht unaufhaltbar ist. Dort, wo Bauwerke oder versiegelte Flächen ihren Nutzen verloren haben und sich selbst überlassen werden, wird rasch sichtbar, wie vergänglich diese Strukturen sind: Kletterpflanzen lassen Mauern verschwinden, Wurzeln sprengen Beton und heben Asphalt, junge Triebe drängen zwischen den Randsteinen der Gehsteige hervor. So manchen Misanthrop*innen mag es warm ums Herz werden bei dem Gedanken, dass es nach dem hypothetischen Ende der Menschheit nur einige Jahrzehnte dauern würde, bis ein Großteil der menschlichen Strukturen von Pflanzen in Besitz genommen wäre. In weiterer Folge würde sich die Vegetation allerdings nachhaltig verändern, da viele Pflanzenarten durch menschliches Handeln einen passenden Lebensraum finden.

Wir drehen um und biegen nach dem Dreimäderlhaus links ab. An besonnten Stellen siedelt hier das wärmebedürftige Kleine Liebesgras. Im Schatten finden wir Mastkraut, ein zartes Nelkengewächs, das häufig aus Moospolstern sprießt. An der Basis der Hausfassaden gedeiht Sauerklee, der uns mit seinen dunkelroten Blättern ins Auge fällt. Er ist ein Hinweis auf die in den Mauern lebenden Ameisen, die wohl die nährstoffreichen Samen in ihre Gänge geschleppt haben. An manchen Stellen haben Holunder und Blauglockenbaum das Pflaster gesprengt. Trotz Rückschnitts zeigen diese Gehölze große Regenerationsfähigkeit und treiben aus dem Wurzelstock immer wieder aufs Neue aus.

Der Blauglockenbaum stammt ursprünglich aus China. Seit der europäischen Eroberung des amerikanischen Kontinents ab 1492 und dem damit verbundenen gesteigerten Handel, gelangen besonders viele Pflanzenarten in andere Teile der Welt. Manche ganz offiziell als Zier- oder Nutzpflanze, andere heimlich – etwa als Samenkorn in Vogelfutter oder Saatgut, vielleicht an einem Schuhprofil haftend. Sie werden als Neophyten bezeichnet. Werden seltene heimische Pflanzenarten durch eingewanderte verdrängt, wird das diesen besonders übel genommen, obwohl ihre Verbreitung mehrheitlich erst durch menschliche Einflussnahme möglich wurde. Pflanzen fragen nicht, ob sie am *passenden* Ort keimen. Für sie zählen lediglich Etablierung und Erhalt der eigenen Art. Die meisten importierten Neulinge überleben nur in Kulturen, ein paar wenige schaffen es, erfolgreich zu verwildern. Besonders an den Standorten, die von Menschenhand geschaffen wurden, finden sie eine neue Heimat. Der Neophytenanteil an der Ruderalflora Wiens ist relativ groß: Als Knotenpunkte internationalen Warenaustausches ist die Stadt ein beliebter Ankunftsort für zuwandernde Arten. Ein Bruchteil der Neophyten entwickelt sich zu invasiven Arten, die häufig wegen ihres tiefgreifenden Einflusses auf das Ökosystem kritisiert werden. Gelegentlich verursachen sie auch gesundheitliche Probleme, so etwa das bei Allergiker*innen gefürchtete, gemeinhin als *Ragweed* bezeichnete Traubenkraut.

Über die Stiege gelangen wir nun hinunter zur **Schottengasse.** Hier stehen ein paar ältere Blauglockenbäume, die im Mai eindrucksvoll blühen und wohl die Samen für die wild wachsenden auf der Bastei geliefert haben. Entlang der selten befahrenen Straßenbahngleise beim **Schottentor** treffen wir wieder auf Ruderalvegetation. Eine feindlichere Umgebung als diese können wir uns schwer vorstellen und doch gibt es Pflanzen, die sich gerade hier mit Vorliebe ansiedeln.

Wir folgen dem Verlauf der Gleise zum **Sigmund-Freud-Park** und **Votivpark**, beides gut frequentierte Grünanlagen mit großzügigen Rasenbereichen. Die Anfänge der mitteleuropäischen Rasenkultur können im Mittelalter verortet werden, erste generelle Beschreibungen stammen jedoch bereits aus der Antike. In herrschaftlichen Gärten wurde zur Anlage von Rasenflächen teilweise schon ab dem 15. Jahrhundert spezielles Saatgut verwendet, das sich aus verschiedenen Klee- und Grasarten zusammensetzte. Rasen war einerseits ästhetisches Gestaltungselement – das flächige, einheitliche Grün bildete in der Gartenkunst verschiedener Epochen einen ruhigen Kontrast zu Gehölzen und Beeten – andererseits förderte die zunehmende Beliebtheit von Ballspielen in der gehobenen Gesellschaft die Entwicklung der Rasenkultur. Aus ökologischer Sicht sind kurzgehaltene, artenarme Grünflächen in Parkanlagen heute ein Zugeständnis an die erholungssuchenden Bewohner*innen der Stadt.

Häufig trifft man in Wien an wenig beachteten Ecken auf die **Kermesbeere** *(Phytolacca acinosa).* Die teilweise bis zu 1,5 Meter hohe Staude mit auffälligen, purpurvioletten bis schwarzen, beerenartigen Früchten ist ein Neubürger unserer Flora und stammt ursprünglich aus Asien. Im 18. Jahrhundert begann man die Pflanze in Mitteleuropa zu kultivieren, um mit ihren leicht giftigen Früchten Getränke, Lebensmittel und Textilien zu färben. Auch Färberwaid und Färberwau, zwei weitere verwilderte Färberpflanzen (→ S. 54), bereichern da und dort die städtische Vegetation. Wau verleiht Textilien einen gelben, Waid einen blauen, als *Deutsches Indigo* bezeichneten Farbton.

Kermesbeere *(Phytolacca acinosa)*

Hier in diesen Parks sind die Rasenflächen partiell stark beansprucht. An häufig betretenen Stellen siedeln Spezialisten wie Einjährige Rispe oder Breitwegerich, die sich teppichartig ausbreiten. Schon zeitig im Frühling mischt die klassische Kombination aus Löwenzahn und Gänseblümchen gelbe und weiße Punkte ins Grün. Das Gänseblümchen stammt aus dem Mittelmeerraum und ist ein sogenannter Kulturfolger. Im Raum Wien konnte es durch Waldrodungen und die Schaffung von Weiden und Wiesen in vorgeschichtlicher Zeit heimisch werden. Durch verunreinigte Rasensaaten gelangte es in jüngerer Vergangenheit unter anderem bis nach Nordamerika und Neuseeland.

Ähnlich durchmischt gestalten sich die Rasenflächen auf dem **Universitätsgelände,** das man über die Garnisongasse erreicht. Die Grünfläche im **Hof 7** setzt sich stellenweise fast ausschließlich aus Schafgarbe und gelb blühenden Fingerkräutern zusammen. Bei genauerem Hinsehen lässt sich auch das filigrane Frühlingshungerblümchen finden, eine der am häufigsten vorkommenden Pflanzenarten in diesen Breiten. Wie der Name verrät, stellt das unauffällige Pflänzchen besonders geringe Ansprüche an seine Umgebung. Es blüht sehr zeitig, manchmal schon im März. Wenige Wochen später reifen die Samen in winzigen, silbrig glänzenden Schötchen heran. Ein würzig duftender Kräuterrasen wie dieser ist eine gute Alternative zu üblicherweise verwendeten Gräsermischungen. Selbsterhaltend, resistent gegenüber Hitze, Trockenheit sowie mäßigem Betritt ist er besonders klimafreundlich. Auch die steinigen Wiesenflächen unterhalb des **Narrenturms** bilden einen Spezialstandort für Pflanzen, die besonders gut mit Trockenheit umgehen können.

Wir verlassen das Uni-Gelände über das **Stadtwäldchen Sensengasse** und passieren dabei von Efeu und Waldrebe umranktes Mauerwerk sowie einen kleinen Nachbarschaftsgarten. Der Bewuchs unter den Robinien des Stadtwäldchens weist auf nährstoffreichen Boden hin: Löwenzahn, Schöllkraut, Nelkenwurz, Brennnessel und Holunder sind allesamt Stickstoffzeiger.

Nelkenwurz
(Geum urbanum)

Die mit Widerhaken versehenen Samen der **Nelkenwurz** *(Geum urbanum)* finden an Hosen- und Hundebeinen gut Halt und werden so in der ganzen Stadt verschleppt. An dem kleinen, unauffällig gelb blühenden Rosengewächs geht man leicht achtlos vorüber. Aufgrund des Nelkenöls, das in seinen Wurzeln enthalten ist, bekam es in der Vergangenheit deutlich mehr Aufmerksamkeit. Es wurde vielfach als Heilmittel, etwa gegen Bauch- oder Zahnschmerzen, verwendet.

Die Robinie, häufig im Wiener Raum botanisch irreführend als Akazie bezeichnet, hat nämlich eine ganz besondere Eigenschaft. Wie Erbse und Bohne zählt sie zu den Schmetterlingsblütlern. Ihre Wurzeln gehen eine Symbiose mit Stickstoff fixierenden Knöllchenbakterien ein. So kann der Baum auch äußerst magere Standorte besiedeln, gleichzeitig düngt er den Boden.

Der aus Nordamerika stammende Pionierbaum gelangte im 17. Jahrhundert nach Europa und gilt in Österreich heute als Neophyt. Vor allem im Osten des Landes wurde er anfangs gerne zur Aufforstung trockener Standorte verwendet und konnte sich von dort aus stark verbreiten. Die Verdrängung der ursprünglichen Magerflora durch die Robinie wird weitgehend kritisch betrachtet, dennoch ist sie ein beliebter Baum mit vielen Qualitäten. Imker*innen schätzen ihre duftenden Blütentrauben, deren Nektar besonders zuckerreich ist. Ihr Holz, widerstandsfähig wie kaum ein anderes, wird gerne für den Bau von Zäunen oder Möbeln verwendet. Auch Pfähle, die zur Reberziehung im Weingarten eingesetzt werden, fertigte man häufig daraus.

Der Weg zum Arne-Karlsson-Park führt uns an der **Universitätssportstätte** vorbei. In den Rasengittersteinen, die hier verlegt wurden, finden wir wieder eine große Vielfalt an Pflanzen vor, die der städtischen Hitze und Trockenheit trotzen. Solche Pflastersteine sind eine gute Alternative zur vollständigen Versiegelung, die in Österreich stark voranschreitet. Der Bau von Häusern und Straßen, aber auch von unterirdisch liegenden Kanalanlagen oder Garagen schluckt täglich um die 13 Hektar offenes Land und entzieht es der Versorgung mit Regenwasser. Das entspricht, gemessen auf zehn Jahre, einer Versiegelung der Fläche Wiens. Die ökologischen Folgen sind weitreichend.

Der schöne Altbaumbestand im **Arne-Karlsson-Park** lädt bei sommerlicher Hitze zum Verweilen ein. Wir überqueren die Währinger Straße, die an dieser Stelle von einer beeindruckenden, denkmalgeschützten Platanenallee gesäumt wird. Über die Strudlhofgasse gelangen wir zur **Strudlhofstiege.** Beschaulich plätschert Wasser in ein Brunnenbecken. Die Ranken von Jungfernreben, allseits als Wilder Wein (→ S. 22) bekannt, legen sich in die Treppenfalten. Spontanvegetation bildet einen reizvollen Kontrast zu den gärtnerisch ausgestalteten Beeten. Bei einem Sommerspaziergang haben wir hier auch eine Paradeiserpflanze entdeckt. In Wien begegnet man ihnen häufig. Das Saatgut stammt wohl von weggeworfenen Essensresten, das, vom Regen ausgeschwemmt, an ungewöhnlichen Stellen ein sonnenwarmes Keimbett findet. Da Paradeiser (→ S. 64) aus wärmeren Gefilden stammen und in unseren Breiten eine Vorkultur von Jungpflanzen notwendig ist, schaffen es diese Sämlinge kaum, vor dem Frost reife Früchte hervorzubringen.

Selbst auf dem manikürten Gelände des **Liechtensteinparks** bricht zwischen den blühenden Zierstauden der beiden Beete im barocken Stil Ruderalvegetation hervor. Die Anlage war ursprünglich Teil des Gartengürtels repräsentativer Sommersitze, der sich um die Stadt legte (→ S. 98). An Mauerkanten und an den Rändern der Schotterflächen gedeiht Vogelmiere. Ackerwinde erklimmt die in Form geschnittenen Buchshecken. Die Wiese vor dem Neuen Sommerpalais Liechtenstein schimmert im Frühling silbrig-weiß: Nickender Milchstern, ein vom Balkan stammender Frühlingsblüher, wurde seit dem Mittelalter in Klostergärten kultiviert und kam im 18. Jahrhundert groß in Mode. In vielen herrschaftlichen Gärten findet er sich noch heute als verwildertes Relikt der barocken Grünraumgestaltung.

Der natürliche Standort von Frühlingsgeophyten – zu ihnen zählen etwa auch Schneeglöckchen, Buschwindröschen oder Scharbockskraut – sind Laubwälder. Bevor das Blätterdach vollständig ausgebildet ist, nutzen sie zeitig im Jahr das Lichtangebot. Sie blühen, bilden ihre Laubblätter aus und ziehen wieder ein. Den Rest des Jahres leben sie von den Reservestoffen, die sie in der kurzen Phase an der Sonne in ihren Zwiebeln oder anderen Speicherorganen einlagern.

Der Weg von der Alserbachstraße zur Friedensbrücke führt uns am **Franz-Josefs-Bahnhof** vorbei, dem 1869 das Palais Althan-Pouthon mit seinen großzügigen Gartenanlagen wich. Hier wollen wir uns nun der Beobachtung einer Pflanze widmen, die bis jetzt noch nicht genannt wurde, uns aber mit großer Sicherheit auf diesem Spaziergang bereits mehrfach begegnet ist. Während sich die Mehrzahl der Ritzen besiedelnden Pflanzen schutzsuchend in die Vertiefungen ducken, breitet sich der Vogelknöterich mit seinen Ausläufern teppichartig über ihre Ränder aus.

Vogelknöterich
(Polygonum aviculare s. lat.*)*

In Wien auch „Hansl am Weg" genannt, findet der Vogelknöterich *(Polygonum aviculare* s. lat.*)* in Russland aufgrund seiner Trittresistenz ganz gezielt Anwendung bei der Begrünung von Sportanlagen. Die Pflanze beeindruckt mit ihrer extremen Anpassungsfähigkeit und Variabilität: An selten betretenen Plätzen wächst sie kniehoch aufrecht in die Höhe, an stärker beanspruchten Stellen niedrig und kriechend. Bemerkt man im Park Tauben mit nickenden Kopfbewegungen durch den Rasen gehen, stößt man dort häufig auf ausgedehnte Bestände an Vogelknöterich, dessen Samen die Tiere kulinarisch schätzen.

Bei der Friedensbrücke gehen wir die Stiege hinunter zum **Donaukanal** und finden uns mit einem Mal in einer anderen Welt wieder. Grün in allen Schattierungen wird zur vorherrschenden Farbe. Besonders im Frühling nehmen wir wahr, wie sich der Geruch der Stadt durch den Blütenreichtum der Bäume und Sträucher duftend wandelt. Entlang des Ufers gehen wir stadtauswärts.

Bedingt durch die vielen Hunde, die hier ausgeführt werden, findet sich wieder eine große Anzahl Stickstoff zeigender Pflanzen wie Brennnessel, Ampfer oder Klette am Wegrand. Wilder Hopfen und Waldrebe schlängeln sich an Zäunen und Geländern hoch. Neben den gepflanzten Rosskastanien- und Ahornbäumen wachsen alte, dickstämmige Holunderbüsche. Weiden und mistelbesetzte Pappeln säumen den unmittelbaren Gewässerrand und erinnern an die Aulandschaft, die bis ins 19. Jahrhundert ans Stadtgebiet heranreichte. Ortsbezeichnungen wie Spittelau oder Rossau beziehen sich darauf.

Vor dem **Zaha-Hadid-Bau** wählen wir die Route, die dem Fluss am nächsten ist, und gelangen so zu einem kurzen Trampelpfad. Der sandig-kiesige Boden hier ist deutlich trockener, so dass sich ganz andere Gewächse ansiedeln. Wir begegnen etwa den himmelblau blühenden Wegesrandpflanzen Natternkopf und Wegwarte. Letztere ist die Stammpflanze verschiedener Kulturzichorienarten wie Zuckerhut oder Radicchio. Gleich neben ihr wächst der Kompasslattich, aus dem sich unser heutiger Gartensalat in all seiner Vielfalt entwickelt hat.

Beim Parkdeck nehmen wir den Lift zur Fußgängerbrücke und queren den Donaukanal. Eine gewundene Treppe führt uns zum Ufer, wo wir abermals einen schmalen Pfad beschreiten. Auf der steinernen Uferbefestigung wachsen Hartriegel, Weißdorn, Liguster und Wildrosen. Dazwischen junge Nuss-, Blauglocken- und Götterbäume, zarte Birken, Vogelkirschen und Sommerflieder. Es gab eine Zeitspanne, in der Sommerflieder in Wien besonders stark vertreten war. Die Bombenruinen nach dem Zweiten Weltkrieg boten dem aus China stammenden Gehölz ein ideales Ter-

Götterbaum
(Ailanthus altissima)

rain. Rasch verschwand der Schutt unter der bei Faltern sehr beliebten, prachtvoll lila blühenden Pflanze.

Auch der Götterbaum nutzte die verwüstete Stadtlandschaft der Nachkriegsjahre für sich. In dieser Zeit war er wohl die dominierende Baumart Wiens. Er enthält Bitterstoffe, die nicht nur andere Arten daran hindern, neben ihm zu wachsen, sie schützen ihn auch vor Krankheitserregern und Fressfeinden und haben das Potenzial zum natürlichen Holzschutzmittel. Auch er stammt aus China, ist stresstolerant und äußerst genügsam. Somit kann er selbst an sehr kargen Stellen wie in Pflasterritzen oder an der Basis von Hausfassaden keimen und dort ein überraschend starkes und schnelles Wachstum zeigen. Er ist anpassungsfähig, wächst, wie hier, im Brückenschatten, aber auch in der prallen Sonne. Schneidet man ihn um, treibt er rasch wieder aus. Die flugfähigen Samen der Baumart produzieren unzählige Jungpflanzen, die erhebliche Bauschäden verursachen, wenn sie nicht rechtzeitig entfernt werden. Im Hinblick auf das Durchsetzungsvermögen der Baumart erstaunt, dass die Erstbepflanzung der Ringstraße mit Götterbaum nicht von Erfolg gekrönt war (→ S. 75). Ein besonders prominentes Exemplar finden wir an der Südseite des Stephansdoms – einer der wenigen Bäume innerhalb der Ringstraße. Götterbaumplantagen sollten übrigens das Futter für den seidenproduzierenden Ailanthusspinner liefern, der Mitte des 19. Jahrhunderts von Wiener Textilunternehmern eingeführt wurde. Die gewonnene Seide war aber im Gegensatz zu der des Seidenspinners (→ S. 29) von grober, wenig zufriedenstellender Qualität, weshalb die Produktion bald wieder eingestellt wurde. Dennoch konnte sich der imposante Schmetterling ebenso erfolgreich wie der Götterbaum einbürgern.

Der russische Kaiser Alexander I. soll beim Wiener Kongress dem Fürsten Metternich eine mit Pflanzensamen gefüllte Vase geschenkt haben. Im Park der fürstlichen Sommerresidenz in Böhmen ausgebracht, zeigte sich der botanisierende Adel bald begeistert von der majestätischen Erscheinung der heranwachsenden Pflanzen mit gigantischen Laubblättern und Blütendolden von bis zu einem halben Meter Durchmesser an armdicken, rund drei Meter langen Sprossachsen. In der Folge wurde der Riesenbärenklau *(Heracleum giganteum)* als Zierpflanze sehr beliebt. Bald handelte man seine Samen in ganz Europa. Eine Zeit lang blieb die kurzlebige Staude bescheiden an den Plätzen, die man ihr in Gärten und Parks zuwies. Mitte des 20. Jahrhunderts verwilderte sie jedoch plötzlich in größerem Ausmaß und breitete sich explosionsartig aus. Mittlerweile hat sich der Riesenbärenklau, dessen Inhaltsstoffe in Kombination mit Sonnenlicht verbrennungsartige Hautverletzungen hervorrufen, ebenfalls in die Riege der wenig geliebten Neophyten eingereiht.

Riesenbärenklau
(Heracleum giganteum)

Vom **Döblinger Steg** aus lässt sich die grüne Wildpflanzenader des Donaukanals bestaunen, die sich bis an den Rand der Inneren Stadt erstreckt. Von hier aus sehen wir auch die begrünten Dächer der von Friedensreich Hundertwasser gestalteten Müllverbrennungsanlage. Der **Franz-Ippisch-Steg** ermöglicht wiederum einen ausgezeichneten Blick auf die Ränder der Gleisanlagen und die Trassen der ehemaligen Stadtbahn, die wahre Neophyten-Hotspots sind. Ab dem späteren Frühling zeigt sich die Vegetation im Gleisschotter besonders abwechslungsreich. An Bahnhöfen kommen neben Menschen und Waren auch laufend Samen verschiedenster Pflanzen an, die sich entlang der Gleise verbreiten. Die bahnbegleitende Flora entzieht sich von hier aus, am Endpunkt unseres Spaziergangs, zwar einer näheren Betrachtung, vermittelt aber einen guten Eindruck von der Diversität dieses großflächig vernetzten Spezialstandortes.

Bahnhofsareale zählen zu den artenreichsten Lebensräumen in Wien. Das Gelände des **Bahnhofs Wien Heiligenstadt,** mit teilweise zurückhaltend gepflegten Gleisanlagen und geschotterten Parkflächen, bietet eine weitere Möglichkeit, die Wiener Flora zu erkunden. Freund*innen der wilden Stadtvegetation empfiehlt sich auch der neu aufgelegte Gstättenführer der Wiener Umweltanwaltschaft: „Am Anfang war die Gstettn – Wiener Stadtwildnisflächen", 2020.

HISTORISCHE MÄRKTE UND IHR PFLANZLICHES ANGEBOT

VOM DONAUKANAL ZUM NEUEN MARKT QUER DURCH DIE INNERE STADT

LÄNGE, DAUER UND CHARAKTERISTIK:
3 km, ca. 1,5 Stunden
Gemütlicher Spaziergang – im Stadtgebiet kann es im Sommer durchaus sehr heiß werden, dafür gibt es zahlreiche Einkehrmöglichkeiten.

Durch den ersten Bezirk begeben wir uns auf die Spuren von Kraut und Rüben, Zucker und Zimt: Auf diesem Spaziergang richten wir unseren Fokus ganz auf Produkte pflanzlichen Ursprungs, die im Wien der Vergangenheit feilgeboten und teilweise vor Ort kultiviert wurden. Um uns von den quirligen Märkten und den ertragreichen Gärten der Wiener*innen eine Vorstellung zu machen, müssen wir unsere Fantasie spielen lassen, denn von diesem reichhaltigen Aspekt der Kulturgeschichte zeugen heute oft nur mehr die Namen der Straßen.

Wir starten unseren Spaziergang bei den **Schwimmenden Gärten** am Donaukanal, unweit der Augartenbrücke. Hier begrünen blühende Stauden, Gräser und Bäume die künstliche Insel inmitten des Flusses. Eine hölzerne Sitzlandschaft lädt ein, Platz zu nehmen und den dynamischen Strom zu betrachten. Wir stellen uns vor, wie Jahrhunderte hindurch schwer beladene Flöße und Zillen die Donau herunterkamen. Dieser sogenannte Wiener Arm der Donau floss direkt an der Stadt vorbei und positionierte sie als wichtigen Stopp für Händler*innen zwischen dem süddeutschen Raum und Ungarn.

Vom Mittelalter bis ins 20. Jahrhundert wurde ein Teil der Waren direkt auf den Märkten am Fluss verkauft und erst gar nicht in die Stadt gebracht. Der prominenteste Markt am Donaukanal war der Schanzelmarkt. Vom 18. Jahrhundert bis 1933 war er neben dem alten Naschmarkt am Karlsplatz einer der Hauptmärkte Wiens. Lag er vorerst an dieser Stelle zwischen Schweden- und Augartenbrücke, wurde er später aufgrund von Infrastrukturprojekten ein Stück stromaufwärts verlegt. Um das zunehmende Verkehrsaufgebot in der Stadt zu reduzieren, sollten Lebensmittel, die Wien über den Wasserweg erreichten, hier abgeladen und feilgeboten werden. Anfang des 19. Jahrhunderts mussten zwecks Übersichtlichkeit Frachtkähne, die mit Erdäpfeln, Kraut und Rüben beladen waren, am unbefestigten linken Ufer anlegen. Am rechten Ufer wurden hingegen Viktualien und verschiedene Obstarten in all ihrer damaligen Sortenvielfalt verkauft.

Neben ihrer Funktion als Handelsroute spielte die Donau bei der Lebensmittelversorgung zudem als Anbaugebiet eine tragende Rolle. Die fruchtbaren, sandigen Böden der Donauauen und das Pannonische Klima begünstigten Landwirtschaft und Gartenbau im Wiener Raum. Schon die jungsteinzeitlichen Menschen bauten deshalb hier vor über 8000 Jahren Getreide und Hülsenfrüchte an. Die Römer kultivierten auf den Donauterrassen rund um das Militärlager Vindobona eine Vielzahl an Getreidearten. Neben Weizen, Roggen und Gerste waren auch Emmer, Einkorn und Dinkel wesentliche Stärkelieferanten. Gemeinsam mit Bohne, Erbse und Linse als Eiweißquellen und den ölreichen Früchten von Lein, Leindotter und Mohn bildeten sie die Trias der Ackerpflanzen. Über Jahrtausende und Kulturen hinweg wurde auf die Kombination dieser pflanzlichen Grundnahrungsmittel gesetzt. Im Mittelalter kam Hanf in Mitteleuropa als Ölfrucht hinzu, ab dem 14. Jahrhundert der Raps.

Pflanzliche Erzeugnisse aus der Landwirtschaft wurden im Mittelalter nicht nur rund um die Stadt kultiviert, sondern auch innerhalb ihrer Mauern. Bedenkt man, dass zu Beginn des Mittelalters rund 95 Prozent der Bevölkerung in der Landwirtschaft tätig waren, überrascht dies nicht weiter. Im Frühmittelalter konnte sich Wien noch selbst versorgen. Mit zunehmendem Reichtum und wirtschaftlichem Aufschwung der Stadt schrumpften zwar die Anbauflächen beträchtlich, verschwanden aber lange Zeit nicht gänzlich. Zumindest bis zur Zweiten Osmanischen Belagerung 1683 sind noch Gemüsegärten in Wien belegt. Im Gebiet des heutigen dritten Bezirks befand sich eines der ältesten Gemüseanbaugebiete außerhalb der Stadtmauern. Gewerbliche Gärtner siedelten sich dort im 13. Jahrhundert an und bauten Gemüse auf dem fruchtbaren Donauschwemmboden an.

Wiener Bürger*innen, die außerhalb der Stadt Land besaßen, wurden von der bäuerlichen Bevölkerung auch spöttisch „eingemauerte Bauern" genannt. Diese setzten mehr und mehr auf den Anbau von Wein (→ S. 11) und Safran (→ S. 88), landwirtschaftliche Produkte, mit deren Export hohe Gewinne erzielt werden konnten. Darüber vernachlässigte man den Anbau von Getreide und machte die Stadt abhängig von Importen aus dem weiteren Umland bis nach Ungarn. In Krisenzeiten mussten Getreide und Brot sogar aus Bayern beschafft werden. Dennoch behielten Wien und seine Umgebung lange Zeit ihren landwirtschaftlichen Charakter. Ende des 15. Jahrhunderts pries der Historiker Antonio Bonfini die Stadt: *„Wiens ganzes Gebiet ist ein ungeheurer herrlicher Garten mit schönen Rebenhügeln und Obstgärten bekrönt."*[4]

Nach der Zweiten Osmanischen Belagerung begann sich das Stadtbild zu verändern. Viele Felder und Häuser wurden im Zuge der Belagerung und der Kriegshandlungen verwüstet. Adelige kauften sie reihenweise auf. In ihrem Repräsentationsdrang eiferten sie dem Kaiserhaus nach und ließen prächtige Sommerresidenzen mit weitläufigen Gärten auf den einstigen Weinbergen, Gemüsegärten und Äckern errichten. Die Anbauflächen konzentrieren sich nun außerhalb des herrschaftlichen Gartengürtels (→ S. 98), sodass zusehends mehr Auengebiet (→ S. 180) für den Anbau von Nahrungsmitteln

[4] Auböck, 1975.

verwendet wurde. Parallel dazu intensivierte sich der Binnenhandel im Wirtschaftsraum der Donaumonarchie. So kamen vor allem aus den wärmeren Küstenregionen des Mittelmeeres Gemüse und Südfrüchte nach Wien. Gegen Ende des Habsburgerreichs wurde Feingemüse unter anderem aus Ägypten, Frankreich und Holland bezogen. Dies war mit ein Grund dafür, dass Wien mit dem Ersten Weltkrieg in eine Versorgungskrise geriet, was eine Renaissance der Selbstversorgergärten mit sich brachte (→ S. 150). Bis heute verfügt die Stadt über ein nennenswertes Areal, das landwirtschaftlich genutzt wird. Auf rund 5700 Hektar werden Acker-, Wein- und Gartenbau betrieben. Kurioserweise kann sich Wien sogar als Gurkenhauptstadt rühmen, denn zwei von drei Gurken, die in Österreich angebaut werden, sind echte Wienerinnen.

„Wiener
Große Stummerer“

Saatguthandel und Gemüsezüchtung haben Tradition in Wien. So wurde etwa die Firma Hüttig, eine der ältesten österreichischen Saatzuchtfirmen, 1790 hier gegründet. Die bedeutenden Zentren der züchterischen Arbeit befanden sich jedoch in den Kronländern der

Monarchie, vor allem in Ungarn und Böhmen. Trotzdem kam es im Laufe der Zeit zu vielen österreichischen Züchtungen. Einige Sorten tragen dabei Wien im Namen – so etwa die Kochsalatsorte „Wiener Maidivi“, der auffällig gefärbte Rettich „Wiener Runder Kohlschwarzer“ oder die „Wiener Große Stummerer“, eine der ältesten Paradeisersorten der Stadt mit flachrunden, gerippten Früchten von mildem Geschmack, die sich vor allem für die Zubereitung von Suppen und Saucen eignen.

Gehen wir nun stromabwärts, kommen wir alsbald an einigen schönen Platanen vorbei, unter denen Stufen direkt zum Wasser führen. Hierbei handelt es sich um ein Relikt des Fischmarktes, der sich bis 1972 an dieser Stelle befand. Der frische Fisch wurde direkt im Donauwasser gehalten. Rechts davon führt uns die Rampe hinauf zum Franz-Josefs-Kai, den wir queren, um dann stadteinwärts zum **Hohen Markt** zu gehen. Hier befand sich früher der älteste Markt Wiens, er stellte das pulsierende wirtschaftliche Zentrum der mittelalterlichen Stadt dar. Über 700 Jahre lang wurde hier ein vielfältiges und wechselndes Sortiment an Lebensmitteln feilgeboten: neben Obst, Gemüse und Brot auch Fleisch und Milchprodukte. Besonders prominent war hier der Fischmarkt. Es wurden auch Produkte wie Textilien, Wachs, Schuhe und Glas verkauft.

Die Nahrung des Mittelalters müssen wir uns für einen Großteil der Bevölkerung als pflanzlich vorstellen, und die dürfte recht eintönig gewesen sein. Hunger war für viele normal. So können wir davon ausgehen, dass neunzig Prozent der Bevölkerung mindestens eine Hungerphase im Laufe ihres Lebens durchleiden mussten. Meistens hatten nur die wohlhabenderen Bevölkerungsschichten der Stadt das Privileg, satt zu werden. Grundnahrungsmittel war Getreide, das in Form von Brei und Brot verzehrt wurde. Die Differenziertheit der mittelalterlichen Gesellschaft drückte sich auch im Brotkauf aus: Semmeln aus feinem Weizenmehl waren dem Adel und den Wohlhabenden vorbehalten,

Mischbrotwecken aus grobem Mehl gab es für Bürger*innen und Handwerker*innen. Der Rest musste sich mit Vollkornbrot aus Roggen oder Gerste begnügen.

Häufig standen Hülsenfrüchte wie Tellerlinsen, Erbsen und Saubohnen auf dem Speisezettel. Besonders Bohnen galten als wenig fein – eine Ansicht, die sich heute noch in deutschen Idiomen wie „Nicht die Bohne wert sein" fortsetzt. Trotzdem mussten sich die meisten damit abfinden, denn Fleisch war selbst für Reiche und Privilegierte eine Besonderheit. Des Weiteren zählten Kraut, Rübe, Zwiebel und Knoblauch zu den üblichen Gemüsen des Mittelalters. Auch Fenchel und Gurken sowie die heute fast vergessenen Blattgemüse Gartenmelde, Portulak und Lattich wurden bereits gegessen. Als Wildpflanzen finden wir sie meist unbeachtet in Pflasterritzen und auf den Brachen der Stadt.

Von einem guten Portulak Kraut[5]

Ein Kochrezept des Dorotheerklosters Wien aus dem 15. Jahrhundert

„Du sollst Senf stampfen. Wenn das geschehen ist, dann gieße siedendes Wasser dazu und verquirle es wie einen Teig. Das tu drei Nächte nacheinander und gieße am Morgen immer das Wasser weg und verquirle ihn mit neuem kochenden Wasser. Am dritten Morgen gib guten Bieressig dazu. Dann nimm Kren, der klein geschnitten sein soll, und zerstoßene Petersilie, die mit der Wurzel zerstoßen und durch ein Sieb passiert wurde. Tu welsche Weintrauben, geschälte Mandeln und Honigseim auf das Kraut, von jedem ein wenig. Das soll man mit Recht mit Silber aufwiegen, so gesund ist es. Es ist gesund, wenn man es im heißen August ißt."

[5] Aichholzer, 1999.

Portulak
(Portulaca oleracea)

Der **Portulak** *(Portulaca oleracea)* ist eine einjährige, niederliegende Pflanze. Mit ihren fleischigen, runden Blättern zählt sie zu den Sukkulenten. Die wärmeliebende Pflanze stammt vermutlich ursprünglich aus dem östlichen Mittelmeergebiet und wächst als Archäophyt auch in wärmeren, niedrigeren Lagen Mitteleuropas. In ihrer Wildform kommt sie oft als Ackerbegleitpflanze, in Wein- und Gemüsegärten sowie als Ruderalpflanze vor. Von den einen als Unkraut ausgerissen, wird Portulak von den anderen bewusst als saftiges Blattgemüse kultiviert. In der mediterranen Küche, wo er schon lange als durstlöschend und kühlend gilt, wird er gerne als Suppenkraut oder für Salat verwendet.

Vor dem Anbau des Erdapfels spielte die Pastinake für Mensch und Tier eine große Rolle. Sie ist eine der wenigen Gemüsearten, deren Ursprungsgebiet in Mitteleuropa liegt. Die lange, dicke Wurzel des Doldenblütlers erinnert geschmacklich mit ihrer leichten Erdigkeit und Süße an Sellerie und Petersilie, weshalb sie früher von den Gastwirt*innen der Hauptstadt mit Vorliebe als billiges Suppengrün verwendet wurde. Gemüse wurde wie Getreide weich gekocht und zu Mus zerstoßen. Mittelalterliche Kochbücher erwecken durchaus den Eindruck, dass viele Menschen bereits schon früh schlechte oder nur mehr wenige Zähne hatten. Senf und Kren wurden als beliebte Gewürze den breiigen Speisen gerne beigemischt.

Unterschiedliche Zünfte und zahlreiche Händler*innen siedelten sich im Laufe der Zeit um den Hohen Markt herum an. Im **Durchgang** des **Hauses Nummer 4** finden wir eine historische Stadtansicht des Hohen Marktes. Eine Relieftafel gewährt uns Einblick ins 14. Jahrhundert. Zu sehen sind Häuser mit hohen, spitzen Giebeln, die einst das mittelalterliche Stadtbild prägten. Das Haus mit Balkon und gotischen Spitzbogenfenstern war die *Schranne,* städtisches Gericht und Hinrichtungsstätte zugleich. Zuvor befand sich an dieser Stelle das *Seithaus,* aus dem Seiden- und Wollstoffe verkauften wurden. Daneben stand einst das Leinwandhaus. Auch in der angrenzenden Straße verkauften die Tuchhändler*innen und Tuchschneider*innen aus ebenerdigen Arkadengängen ihre Stoffe. Der Straßenname Tuchlauben zeugt bis heute vom blühenden Textilhandel.

Flachs, Hanf und Baumwolle – viele der damals gebräuchlichen Stoffe sind pflanzlichen Ursprungs. Weit mehr als für den medizinischen Nutzen und die berauschende Wirkung wurde Hanf über Jahrtausende hindurch für seine starken und zugleich atmungsaktiven Pflanzenfasern geschätzt. So wurden aus ihm nicht nur grobe Stoffe, sondern auch reißfeste Taue für die Seefahrt hergestellt. Seine Herkunft liegt in Zentralasien, wo er bereits vor 4500 Jahren als Webstoff bekannt war. Eine noch ältere Kulturpflanze ist der Flachs, aus dem Leinen hergestellt wird. Stammt die Wildpflanze ursprünglich aus dem Mittleren Osten, so ist Flachsanbau bereits seit der Jungsteinzeit im Alpenraum nachweisbar. Es ist ein langwieriger Prozess, die begehrten Fasern aus der Pflanze zu lösen, die dann zu einem strapazierfähigen Garn weiterverarbeitet werden. Da der trockene Flachs oft einen leicht ranzigen Geruch verströmt, wurde er von der Aristokratie gemieden. Sie bedienten sich feinerer Stoffe wie solche aus Wolle und Seide.

Im Gegensatz zu Flachs und Hanf gedeiht die heute so universell eingesetzte Baumwolle nicht im gemäßigten Klima Mitteleuropas. Das durstige Malvengewächs, das sowohl in Afrika, Südamerika, China und am indischen Subkontinent heimisch ist, bevorzugt mildere Temperaturen. Durch die arabische Eroberung der Iberischen Halbinsel im 8. Jahrhundert, wurde sie nach Europa eingeführt und im Süden angebaut. Dennoch kannten die Europäer*innen im Norden meist nur das importierte Produkt und hatten lediglich vage Vorstellungen von der Pflanze: Bis ins 14. Jahrhundert finden wir Erzählungen von Bäumen ferner Länder, in deren Kapselfrüchten ganze Schafe heranreifen. Solche Geschichten wurden oftmals von Händler*innen in Europa bewusst gestreut, um Abenteuerlustigen die Suche nach den Ursprungspflanzen teurer Rohstoffe zu erschweren. Bei der Baumwolle handelt es sich zudem nicht um einen Baum, sondern um eine krautige Pflanze, die je nach Art auch als Strauch wächst. In ihren Früchten reifen die Samen, an denen eine weiße Watte haftet. Mehrere tausend Jahre hindurch wurde diese in mühsamer Handarbeit von den Samen getrennt und zu Stoffen verwebt. Die Geschichte der Baumwolle ist untrennbar mit dem Leid unzähliger Menschen verknüpft: Um die Nachfrage nach feinen, leichten Stoffen in Europa zu befriedigen, schufteten abertausende Sklav*innen, um das „weiße Gold" jenseits des Atlantiks zu produzieren.

Wir setzen unseren Weg über den **Wildpretmarkt** fort. In vielen Straßennamen des ersten Bezirks erklingt der Markt noch wie ein leiser Zuruf aus der Vergangenheit. Wir stellen uns den Tumult und Lärm vor, die diese Straßen an Markttagen erfüllten: Marktschreier*innen, die lautstark ihre Ware anpriesen, Wiener*innen unterschiedlichster sozialer Schichten, die handelten und kauften, um dabei auch den neuesten Klatsch und Tratsch auszutauschen. Körbe und Steigen voller Kräuter, Obst und Gemüse. Brotlaibe auf einfachen Tischen gestapelt, daneben Fleisch und Fisch. Bis ins 19. Jahrhundert hinein verwandelte sich dienstags und samstags, später auch freitags, mehr oder minder die ganze Stadt in einen großen Markt. Im Marktverzeichnis von

„Kroatinn mit Zwiebel“, 1775, Kupferstich aus dem „Kaufruf von Wien“, einer Kupferstichserie, in der der Künstler Johann Christian Brand das einfache Volk in den Mittelpunkt stellte

„Mädel mit Honig und Obst“, Kupferstich aus dem „Kaufruf von Wien“ von Johann Christian Brand, 1775

1803 wurden über 600 Hütten und Stände auf siebzig Straßen und Plätzen registriert. Neben den dezidierten Verkaufsplätzen boten Händler*innen und Produzent*innen ihre Ware auch auf simple Weise feil – von ausgebreiteten Tüchern oder direkt aus Kraxen, Butten und Säcken. Sie brachten so viel in die Stadt, wie sie am Leibe tragen konnten. Je stärker die Stadt und die Vororte wuchsen, desto länger wurden die Wege, die die Bäuer*innen, meist zu Fuß, zurücklegen mussten. Bis zu 16 Stunden waren sie aus den umliegenden Dörfern unterwegs. Aufgrund der langwierigen Märsche begannen vermehrt Zwischenhändler*innen die Anlieferung zu übernehmen. So spezialisierten sich ganze Gemeinden aufs Marktfahren und brachten mit dem Pferde- oder Ochsenwagen Feld- und Gartenfrüchte in die Stadt. Wenn möglich, wurde eine Gegenfuhr organisiert. Manche waren dabei besonders findig: Die Bäuer*innen aus dem Weinviertler Ort Auersthal schlossen Ende des 19. Jahrhunderts einen sogenannten „Mistkontrakt" mit der Stadt Wien ab: Pferdemist plagte die Städter*innen, war jedoch am Land als wertvoller Dünger willkommen.

Folgen wir der **Brandstätte** nach links, öffnet sich alsbald die Straße zu einem kleinen Platz mit Brunnen. Er wird von der *Figur des Tuchschneiders* geziert, der gerade die Schere zum Schnitt ansetzt. Zwischen seinen Füßen liegt ein Stoffballen. Neben vielen Stoffen wurden auch zahlreiche textile Färbemittel aus Pflanzen gewonnen. Blau lieferte die Indigopflanze: Die alten Griechen nannten sie *Indikon* – die Farbe aus Indien. Eine weniger kostspielige Alternative stellten Färberwaid und die Lackmusflechte dar, die stellenweise in Europa gedeihen. Ähnlich verhielt es sich mit anderen farbstoffliefernden Pflanzen, von denen einige in Wien in verwilderter Form am Straßenrand anzutreffen sind (→ S. 32). Die teuren, kostbaren Exoten fanden ihren Weg meist über die Seidenstraße nach Wien. Rot wurde in Nord- und Ostafrika sowie in weiten Teilen Asiens aus dem Hennastrauch gewonnen. Hierzulande lieferten Färberkrapp und -distel unterschiedliche Rottöne. Safran, Kurkuma und Färberwau gaben Stoffen gelbe bis orange Farbtöne.

Um ein schönes Weiß zu erzielen, wurde zum Bleichen unter anderem die Kornrade, eine Ackerbegleitpflanze, verwendet. Erst im 19. Jahrhundert lösten chemisch-synthetische Produkte die Naturfarbstoffe ab.

Durch die Kühfußgasse erreichen wir den Chor von **St. Peter.** Rund um die romanische Vorgängerin der heutigen barocken Kirche wurde ab dem Mittelalter ein Markt abgehalten. Im 16. Jahrhundert beschreibt ihn der Schulmeister des Schottenstifts, Wolfgang Schmeltzl, als Ort, wo ein jeder findet, was ihm fehlt. Mit eigenen Augen zählt er dreißig Wägen, die mit Hühnern, Gänsen und anderem Federvieh beladen sind. Acht Wägen sind voll mit dem, *„was man zur notturfft haben soll / Von rüben, krehn, kraut, petersil / salat, das gantz jar findt man vil“.*[6]

Kraut und Rüben – das klingt in unseren Ohren nicht nach einem besonders abwechslungsreichen Speisezettel. Doch ab dem 16. Jahrhundert bereicherte eine Vielzahl an neuen Gemüsekulturen die Gärten. Das war noch nicht den Neubürgern Amerikas geschuldet, die zwar zu Beginn der Neuzeit ihren Weg nach Europa fanden, jedoch kaum angebaut wurden. Einheimische oder altbekannte Gewächse wurden als Gemüsekulturen populär, die man vorher nur sehr spärlich als Gewürz oder Heilpflanze verwendet hatte. Bei manchen hatte man bisher nur die grünen Blätter als Kraut gegessen, nun wurden auch Wurzel oder Knolle entdeckt. Langsam legte sich die Skepsis gegenüber den Pflanzenteilen, die unter der Erde wuchsen – sie standen im Verdacht, des Teufels zu sein. Neue Arten entstanden auch, indem bestimmte Pflanzenmerkmale züchterisch bearbeitet wurden. So kam im Laufe der Zeit eine Vielzahl an Kohlvariationen auf, darunter Wirsing, Brokkoli und Kohlrabi. Steckrübe, Rettich und Radieschen, als Kreuzblütler mit dem Kohl verwandt, fanden ebenso Eingang in das Marktangebot. Auch die Rote Rübe und die Runkelrübe aus der Familie der Fuchsschwanzgewächse wurden vermehrt angebaut, genauso wie Karotte und Sellerie, die zur Familie der Doldengewächse gehören.

[6] Wolf, 2006.

Diese Entwicklung ging von Klöstern und urbanen Zentren aus. Die bäuerliche Gesellschaft am Land behielt noch lange die traditionelle Ernährung bei, die überwiegend aus Getreide bestand.

Die **Runkel- oder Futterrübe** *(Beta vulgaris* subsp. *vulgaris)* hielt bereits im Mittelalter Einzug in die Gemüsegärten. Dennoch wurde sie in Mitteleuropa lange unterschätzt und vor allem als stärkehaltiges Futtermittel angebaut. In der Wildform gedeiht sie auf den sandigen Böden der europäischen Felsenküsten. Im ersten Jahr bildet sie Blätter und eine verdickte Wurzel, die als Speicherkörper dient. Hier lagert die Pflanze Energie in Form von Zucker ein, auf die sie im Frühjahr des zweiten Jahres zugreift. Erst jetzt blüht sie und produziert Samen.

1747 wies der oberschlesische Apotheker und Chemiker Andreas Sigismund Marggraf nicht nur einen sehr hohen Zuckergehalt in der Wurzel nach, er stellte auch fest, dass der Zucker der Runkelrübe jenem des Zuckerrohrs entspricht. Spezielle Züchtungen konnten den Gehalt weiter steigern, so dass die **Zuckerrübe** entstand. Dies revolutionierte die Zuckerindustrie Europas, die bis dahin den Süßstoff aus der Karibik und aus Südamerika importierte.

Das Zuckerrohr gehört zu den Süßgräsern, stammt ursprünglich aus Neuguinea und wird in tropischen bis subtropischen Gebieten angebaut. Lange Zeit war es ein rares Luxusgut. So kostete 1393 in Wien ein Pfund Zucker 58 Schilling, im Vergleich dazu ein Ochse jedoch nur elf. Europäische Kolonialist*innen führten es aus Asien über die Kanarischen Inseln als Kulturpflanze in Amerika ein. Dort stellten Sklav*innen das begehrte Süßungsmittel her, nach dem immer mehr Menschen in Europa gierten. Somit begann der Wandel vom sparsam eingesetzten Gewürz zum Massenprodukt. Unter Maria Theresia gab es bereits Versuche, der Abhängigkeit vom Überseehandel zu entkommen. England hatte das Monopol auf den karibischen Zuckerhandel. Eine heimische Zuckerquelle wurde gesucht und gefunden: Ahornsirup. Dieser konnte sich allerdings nicht durchsetzen.

Im Wiener Vorort Hernals gewann der Gutsbesitzer Herr von Eyb 1804 aus der Runkelrübe Zucker, in Inzersdorf am Wienerberg eröff-

Zuckerrübe
(Beta vulgaris subsp. *vulgaris)*

nete wenige Jahre später die erste Zuckerfabrik des Landes. Nach einigen Anlaufschwierigkeiten etablierte sich die Zuckerrübe im Laufe des 19. Jahrhunderts schließlich doch auch in Österreich als primärer Süßstofflieferant. Mitte des 20. Jahrhunderts konnte erstmals der Zuckerbedarf aus der heimischen Ernte vollständig gedeckt werden.

Wenn wir nun die Tuchlauben queren und der Steindlgasse bis zum Ende folgen, stehen wir vor dem gotischen Chor der **Kirche am Hof.** Hier sind kleinen Läden zu sehen, die an die Kirchen angebaut wurden. Solche provisorischen Hütten, aus denen Kleinhändler*innen ihre Ware verkauften, prägten lange Zeit das Stadtbild Wiens. Es ist nicht weiter verwunderlich, dass auch auf dem Platz **Am Hof** seit dem Mittelalter Märkte abgehalten wurden. Neben den Wochenmärkten mit ihrem ständig wechselnden Sortiment gab es auch in Wien zahlreiche Spezialmärkte. Von 1842 bis 1917 wurde hier ein Nikolai- und Weihnachtsmarkt mit über hundert Ständen abgehalten. Auf dieser Tradition fußt heute wieder ein Christkindlmarkt auf dem Platz Am Hof. Die ursprünglich protestantische Tradition der Christbäume in den privaten Wohnungen setzte sich im katholischen Wien übrigens erst zu Beginn des 19. Jahrhunderts durch. Die schmucken Tannen wurden jedoch lange nicht vorwiegend auf Märkten, sondern direkt von Booten am Donaukanal verkauft. So sparte man sich geschickt die Standgebühr.

Auf dem angrenzenden Platz, der **Freyung,** betreten wir mittelalterliches Pflaster. Auf der rechten Seite heben sich deutlich die jahrhundertealten runden Kopfsteine vom neuen Gehsteigbelag ab. In den weiten Spalten zwischen den Steinen sprießen Gräser und andere Pflanzen. Auch wenn dieser Platz schon seit dem Mittelalter existiert, etablierte sich hier erst im Laufe des 18. Jahrhunderts ein Viktualienmarkt für Obst, Gemüse und Kräuter.

Hier hatten die *Dürrkräutlerinnen* ihre Stände. Frauen ärmerer Schichten verdienten sich ihren Lebensunterhalt, indem sie Heilkräuter sammelten, trockneten und auf dem Markt verkauften: die Blätter der Schafgarbe gegen Bauchschmerzen, Johanniskraut zum Vertreiben der Melancholie und Lindenblüten für die Herstellung eines schweißtreibenden Erkältungstees. Sie bereiteten aus den Kräutern auch individuelle Mischungen, mit denen sie so manches Leiden zu lindern wussten. Anfang des 19. Jahrhunderts wurden die Kräuterfrauen im Zuge der Restaurierungsarbeiten an der Schottenkirche von der Freyung abgesiedelt. Geblieben ist das Kräuterhaus Kottas, das bereits 1795 ins Prioratshaus des Schotten-

Vor dem Schottenkloster erstreckt sich die Freyung, auf der gerade Markt abgehalten wird. Bernardo Bellotto (genannt Canaletto), 1759/60; Kunsthistorisches Museum

klosters einzog. Es knüpft ein Band zwischen der Vergangenheit und der Gegenwart des Platzes. Bis heute kann hier eine Vielzahl an Medizinalkräutern erworben werden.

Die Freyung ist auf diesem Spaziergang der einzige Ort, an dem heute wieder ein Markt abgehalten wird. Werktags findet sich hier ein Bauernmarkt mit Lebens- und Genussmitteln aus ausschließlich biologischem Anbau. Das schön anzusehende, vielfältige Obst- und Gemüseangebot kommt dabei teilweise aus regionaler Produktion. In der zweiten Hälfte des 19. Jahrhunderts war der Markt für sein besonders feines und schmackhaftes Sortiment bekannt. Hier fanden sich zahlreiche Verkäufer*innen, die zarten Spargel, herrlich süße Trauben, aromatische Pfirsiche und andere hochwertige Grünprodukte für teures Geld feilboten.

Nachdem wir gemütlich eine Runde über die Freyung gedreht haben, gehen wir wieder ein Stück zurück, vorbei Am Hof, um über die Naglergasse den **Graben** zu erreichen. Seit dem 13. Jahrhundert wurde er als Markt genutzt, was wir uns unschwer vorstellen können. Im Mittelalter dominierten Brot, Mehl und Getreide das Sortiment, ein paar Jahrhunderte später dann das Grünzeug. Das spiegelt sich in seinen Namen seit Beginn des 18. Jahrhunderts wider: Grüner Kräutelmarkt oder *forum herbarium*, als vornehme lateinische Variante. Selbst einfache Leute verwendeten zum Würzen neben Zwiebel und Knoblauch auch eine Vielzahl an Gartenkräutern. Sie verliehen den Speisen das gewisse Etwas und dienten seit der Antike dazu, den schlechten Geschmack von altem Fleisch zu übertünchen. Der Gartenthymian beispielsweise wurde in Wien besonders gerne Kuttelgerichten beigegeben. So nennen ihn manche Wiener*innen bis heute „Kudl-" oder „Kuttelkraut".

Schon im Alten Rom galt: je höher die Schicht, desto teurer die Gewürze. Wer es sich leisten konnte, griff auch in Wien auf edle Gewürze zurück, die aus Fernost nach Europa gelangten – Zimt, Nelken, Kardamom, Ingwer und Galgant. Ähnlich wie bei der Baumwolle wurden auch hier von Händler*innen bewusst Gerüchte gestreut. Zur Zeit des Römischen Imperiums glaubte man, es gäbe auf der Arabischen Halbinsel Vögel, deren Nester aus Zimtstangen bestünden. Diese Vögel müssten zuerst getötet werden, um an das begehrte Gewürz zu kommen. Die Kund*innen sollten nicht erfahren, dass der Zimt eigentlich aus der Rinde des Zimtbaums, einem Lorbeergewächs aus Südostasien, gewonnen wird.

Wir biegen nach rechts in den **Kohlmarkt** ein und flanieren die Luxusmeile entlang. Trotz des profanen Straßennamens gilt er schon lang als einer der vornehmsten Geschäftsadressen Wiens. Der Name bezieht sich allerdings nicht auf Gemüsekohl, sondern auf den Brennstoff Kohle, der hier im Mittelalter verkauft wurde. Bis Anfang des 14. Jahrhunderts war der Straßenzug noch als „Witmarkt" bekannt, was den Verkauf von Holz nahelegt. *Wit* ist ein altes Wort für diesen nachwachsenden Rohstoff. Bis vor 200 Jahren war Holz unser primärer Energielieferant, Wasser konnte mittels Mühlrädern nur eingeschränkt genutzt werden. Zum Heizen und Kochen wurden täglich große Mengen an Feuerholz benötigt.

Die Stadt musste fortwährend damit beliefert werden, was einen großen logistischen Aufwand bedeutete, denn es war groß, schwer und sperrig. Und so wurden die Holzmärkte und Lagerplätze vor die Tore der Stadt verlegt – hin zum Donaukanal und aufs Glacis.

Aus Oberösterreich und später auch aus Tirol wurde Holz in großen Mengen flussabwärts transportiert. Wien fand seit dem 17. Jahrhundert kein Auslangen mehr mit der Ausbeute der umliegenden Wälder – Mitte des 18. Jahrhunderts konnten beispielsweise nur fünf Prozent des jährlichen Holzbedarfs der Hauptstadt aus den Beständen des Wienerwalds gedeckt werden. In dieser Zeit kam es zum ersten Mal auch zu einer allgemeinen Verknappung des Brennholzes. Mit zunehmender Ausdehnung der Stadt waren immer mehr Menschen auf den nachwachsenden Rohstoff angewiesen, der nicht beliebig schnell vermehrt werden konnte. Das änderte sich dann im Laufe des 19. Jahrhunderts, als sich ein Nutzungswechsel einstellte: weg von der Holz- hin zur Mineralkohle.

Vom Michaelerplatz gehen wir nun ein paar Schritte, um zum **Josefsplatz** zu gelangen. Hinter der südlichen, spätbarocken Blendfassade verbirgt sich der Eingang zur mittelalterlichen **Augustinerkirche** samt Kloster. Um die Jahrtausendwende fand man dort bei Ausgrabungen den Augustinerturm, der Teil der Stadtmauer war. Vom 14. bis ins 16. Jahrhundert nutzten ihn die Mönchen als Latrine. Da diese mittelalterliche Toilette luftdicht verschlossen war, konnten sich organische Reste erhalten, die den Archäolog*innen Aufschluss über den Speiseplan der damaligen Zeit gaben. Vor allem kleine, widerstandsfähige Samen und Früchte mit hartem Kern hatten die Zeit überdauert. Was an diesem Fund besonders überraschte, war die Vielfalt an Obst, die von den mittelalterlichen Mönchen verzehrt wurde. Man fand Reste von Feigen, Maulbeeren, Äpfeln, Birnen, Quitten, Marillen, Pfirsichen, Kirschen, Zwetschken, Melonen und verschiedener Beeren ebenso wie von Walnüssen und ölhaltigen Samen wie Hanf und Mohn. Im Mittelalter war der Verzehr von frischem wie auch getrocknetem Obst sehr beliebt und galt als gesund. Es wird geschätzt, dass etwa zehn Prozent der Ernährung des Adels aus Obst bestanden. Wer über die finanziellen Mittel verfügte, zog diese Früchte dem Gemüse vor. Auch Nüsse standen bei den Privilegierten regelmäßig auf dem Speiseplan. Mandeln waren besonders in der Fastenzeit beliebt. Wie in der zeitgenössischen veganen Küche verarbeiteten die Mönche schon vor Jahrhunderten die Kerne zu Mandelmilch und -käse. Erst 1491 erlaubte die katholischen Kirche den Verzehr von Milchprodukten beim Fasten.

Im 17. Jahrhundert sorgte ein Augustinerpater in Wien für Furore. Abraham a Sancta Clara, dessen Statue heute noch einen Eingang zum Burggarten (→ S. 76) bewacht, zog mit seinen Predigten auf öffentlichen Plätzen viele Menschen an. Hasserfüllt wetterte er gegen alles, was seiner Vorstellung von einem strengen katholischen Sittenbild widersprach. Dabei gerieten auch spezielle Pflanzen in seine Schusslinie. Es sei eine Sünde, *„mit Pfeffer von Java, Zimmt von Bengalen, Nägel von Maluccis, Muskatnuß von Bartha, Zucker von Brasilien, Zibeben von Ormuso, Öl von Neapel, Pomeranzen von Genua und Tartophili aus Sizilien“*[7] dem Gaumen zu frönen. Mit der Tartophili war keine andere Frucht als der Erdapfel gemeint, den der Augustiner als sündiges Mahl abkanzelte. Heute können wir uns die heimische Gemüselandschaft ohne die Exoten Amerikas nicht mehr vorstellen. Um wie viel reicher sind Garten und Küche durch Erdapfel, Paradeiser, Paprika, Mais, Fisole und Co geworden. Bereits zu Beginn der Kolonisierung exportiert, setzte ihr kulinarischer Siegeszug in Wien erst zeitverzögert ein. Als hier Ende des 16. Jahrhunderts die ersten Exemplare des Erdapfels ankamen, wurden sie als botanische Kuriosität betrachtet.

Der Hofbotaniker Carolus Clusius bezog den **Erdapfel** *(Solanum tuberosum)* von einem belgischen Freund und kultivierte ihn in den kaiserlichen Gärten. Auch wenn die Knollenpflanze später zu Speisezwecken aus Süditalien importiert wurde, schätzten sie Gartenliebhaber*innen zunächst als Zierpflanze. Zudem herrschte Verwirrung darüber, welcher Teil der Pflanze überhaupt genießbar

[7] Ehrendorfer/Starmühlner, 1970.

Erdapfel
(Solanum tuberosum)

war. So manche verdarben sich den Magen an einer Suppe aus ihren Blättern. Auch das Wissen über den richtigen Anbau musste hierzulande erst gelernt werden. Maria Theresia begann, die Kultur zu fördern, so dass sich der Erdapfel im folgenden Jahrhundert doch als einer der wichtigsten Energie- und Nährstofflieferanten Österreichs etablierte und zu einem Fixstern der klassischen Wiener Küche wurde.

Auch dem Paradeiser erging es ähnlich: Als Exot wurde er zwar als Zierpflanze geschätzt, seine köstlichen Früchte standen jedoch unter dem Verdacht, Liebeswahn auszulösen. Im Wiener Gartenbuch von 1785 wurde noch behauptet: *„Poma amoris, Liebesapfel: [...] obwohl sie nicht unter die Blumen zu rechnen, so zieret doch ihre Frucht des Sommers den Garten, und des Winters die Zimmer [...] werden auch Mala insana wegen ihrer Wirkung genannt. Vor den Kindern muss man sie wohl verwahren, wie man auch insgeheim von ihrem Gebrauche sich enthalten soll.“*[8] Angesichts dieser Warnung dauerte es, bis man sich bedenkenlos am Paradeiser erfreuen konnte – zuerst ausschließlich in gekochter Form. Erst seit Beginn des 20. Jahrhunderts schmeckt den Wiener*innen auch die frische Frucht.

Die importierten Maissorten gediehen besonders gut in Südeuropa. Sie wurden nicht nur in Spanien, sondern bald auch in Italien und der Türkei angebaut. Und so wurde die amerikanische Pflanze fälschlicherweise als „Türkisches Korn“ in Mitteleuropa bekannt. Auch der in Wien gebräuchliche Ausdruck „Kukuruz“ aus dem Serbokroatischen lässt ebenfalls auf die frühe Kultivierung im Südosteuropa schließen. Den Paprika assoziierte man hierzulande eher mit Ungarn als mit dem amerikanischen Kontinent. Zuerst als Gulaschgewürz beliebt, wurde er bei den Wiener*innen Anfang des 20. Jahrhunderts auch als Gemüse populär.

Den Abschluss dieses Spaziergangs bildet nun der **Neue Markt.** In der Mitte des Platzes befindet sich der Providentiabrunnen. Die schöne Frauenskulptur in der Mitte hält einen Spiegel in der Hand. Sie ist die Allegorie der weisen Voraussicht. Das kluge, vorausblickende Handeln der Stadtregierung bezieht sich in der Literatur zumeist auf die Wasserversorgung Wiens. Es kann aber auch in Verbindung mit den ehemals wichtigsten Produkten dieses Marktes gebracht werden: Getreide und Mehl. Im Mittelalter entwickelt sich der Platz zum zentralen Verkaufsort, sodass er inoffiziell auch als Mehlmarkt bekannt war. Um die Mehl- und

[8] Adelkofer, 1785.

Getreidepreise möglichst stabil zu halten, ließ die Stadtregierung Kornspeicher anlegen. Am Neuen Markt gab es eines der größten Speicherhäuser innerhalb der Stadt – die sogenannte „Mehlgrube“. Trotz Getreidespeichers kam es im Laufe des Mittelalters immer wieder zu Preisschwankungen aufgrund von Ernteausfällen und Kriegen. Diese Teuerungswellen waren lange mit Hungerkrisen verbunden. Erst mit der Popularisierung des Erdapfels im 18. Jahrhundert etablierte sich eine echte Alternative zum Getreide.

Die bunten Märkte, die im ersten Bezirk dem geistigen Auge vorbehalten bleiben, sind jedoch nicht gänzlich aus der Stadt verschwunden. Verändert finden wir sie heute in anderen Bezirken – wobei sie überaus diverse Zielgruppen bedienen.

Nicht weit von hier befindet sich der Naschmarkt – heute der wohl bekannteste unter den zahlreichen Märkten Wiens. Von einem der größten Lebensmittelmärkte vor den Toren der Stadt entwickelte er sich im Laufe der Zeit zu einer hochpreisigen Feinkostadresse. Vorwiegend um die Zielgruppe der Tourist*innen bemüht, zeigt das Sortiment in jüngerer Vergangenheit zunehmend monotonen Charakter. Daneben gibt es mittlerweile in fast jedem der Wiener Bezirke einen Markt, der vor allem freitags und samstags mit Produzent*innen aus der Region und betont saisonalem Angebot aufwartet. Eine erstaunliche Vielfalt alter Obstsorten und eine breite Palette an exotisch anmutenden Gemüsearten hält schon seit einer Weile Einzug auf diesen Märkten. Den experimentierfreudigen Produzent*innen kann man am Marktstand häufig persönlich begegnen. Teils werden ihre Produkte auch gleich an Ort und Stelle in der ansässigen Gastronomie veredelt. Damit sind die Wiener Märkte mehr als nur eine Bezugsquelle für schmackhafte pflanzliche Lebensmittel: Sie sind Orte eines erlebnisgeprägten Konsums, deren Besuch allemal lohnt.

STÄDTISCHES GRÜN

VOM PALAIS COBURG ÜBER DIE RINGSTRASSE ZUM PLANQUADRAT-PARK

LÄNGE, DAUER UND CHARAKTERISTIK:
5 km, 2 bis 3 Stunden
Einfacher Stadtspaziergang auf durchwegs befestigten Wegen

Dieser Spaziergang, der von der Inneren Stadt auf die Wieden führt, ruft uns ins Bewusstsein, wie stark sich Wien in Bezug auf seine Grün- und Freiräume im Laufe der Jahrhunderte verändert hat. Botanische Fragmente aus der Geschichte helfen uns, ein Bild der Vergangenheit zu zeichnen. Häufig sind dies Bäume, die vor langer Zeit als Teil eines repräsentativen Gestaltungskonzeptes gepflanzt wurden. Auch aktuelle Themen wie klimaangepasste Pflanzenwahl oder das stadtökologische Potenzial der gründerzeitlichen Stadt begegnen uns auf dieser Route.

Unser Spaziergang beginnt am **Theodor-Herzl-Platz.** Hier erhebt sich vor unseren Augen strahlend weiß das **Palais Coburg.** Ursprünglich wurde es auf Höhe der Bastei gebaut, und so lassen die unverputzten, geziegelten Stützwände etwas von den Dimensionen der Stadtbefestigung erahnen, die sich bis Mitte des 19. Jahrhunderts an dieser Stelle befand. Ein kleiner Teil der originalen Mauer ist noch auf dem Platz ersichtlich. Im Volksmund wurde das spätklassizistische Palais leicht spöttisch „Spargelburg“ genannt. Die auffälligen, dünnen Säulen der Fassade erinnerten die Wiener*innen wohl an das feine, weiße Frühjahrsgemüse. Im Zuge eines Besuchs des Restaurants Clementine können wir hier für einen Moment im Garten des Palais verweilen. Wir nehmen Platz zwischen Oliven- und Rosenbäumchen, kugeligem Buchs und kegelförmigen Eiben. Am Geländer des Treppenaufgangs rankt sich eine Glyzinie empor. Schatten spenden Platanen und ein Tulpenbaum. Von Mai bis Juni beeindruckt er mit stark an Tulpenkelche erinnernden gelblich-grünen Blüten. Tatsächlich ist der nordamerikanische Baum ein Verwandter der Magnolie und erfreut sich in den Wiener Gärten zunehmender Beliebtheit.

Von der Terrasse aus eröffnet sich uns ein schöner Blick auf die Ringstraße, die hier von Linden, Kastanien und Platanen beschattet wird. Bis ins Jahr 1857 hätte sich uns an dieser Stelle noch das Panorama über den *„seltsamen Garten"*, der sich *„über die Grenzen der eigentlichen Stadt"* hinweg erstreckt, eröffnet. Der österreichische Dichter Adalbert Stifter beschwört diesen in seinen Erinnerungen an Alt-Wien reizvoll herauf: *„Wie ein breiter grüner Gürtel läuft er um die Stadt herum, ein Glacis der Festung, nun in der Tat ein anmutiger Garten, mit grünen Rasenplätzen bedeckt, nach allen Richtungen von Alleen durchschnitten, ein wohltätiges Luftreservoir, dahin sich in der Abendkühle gerne und zahlreich die Bevölkerung ergießt, um sich zu ergehen und freier aufzuatmen."*[9]

Das Glacis der Festung war die militärische Sperrfläche vor der Stadtbefestigung. Aus strategischen Gründen musste sie unverbaut und unbepflanzt bleiben. Man hatte aus der Ersten Belagerung Wiens durch das Osmanische Reich 1529 seine Lehren gezogen: Im Falle einer Wiederholung sollten sich die potenziellen Feinde nicht hinter Gebäuden, Büschen oder Bäumen verstecken können. Das änderte sich unter Maria Theresia und ihrem Sohn Joseph II. Sie öffneten für das Volk nicht nur einige der exklusiven Gärten und Jagdgebiete der kaiserlichen Familie, wie den Augarten und den Schlosspark Schönbrunn, sondern veranlassten auch die Begrünung des Glacis. So entstand ab der zweiten Hälfte des 18. Jahrhunderts rund um die Stadt ein ausgedehnter Grüngürtel – auf der vormals unebenen, staubigen Fläche fanden sich nun bunte Blumenwiesen; Pappeln und Kastanien säumten die neu angelegten Wege.

Zeitgleich schrumpften die privaten Gärten und landwirtschaftlich genutzten Freiflächen im Umland Wiens. Sie fielen der zunehmenden Verbauung mit Wohnhäusern und frühindustriel-

[9] Stifter, o.J.

Wasserglacis vor den Toren der Stadt mit dem Palais Coburg auf der Bastei, Mitte des 19. Jahrhunderts, Aquarell von Carl Wenzel Zajicek

len Fertigungsstätten zum Opfer. Die Menschen wohnten auf dicht gedrängtem Raum und arbeiteten zwischen sechs und sieben Tage die Woche in kleinen Kammern, stickigen Hinterhöfen und düsteren Werkstätten. Auf dem Glacis, der sogenannten *Esplanade*, konnten sie für kurze Zeit der Enge, dem Gestank und dem Lärm entfliehen und sich an der frischen Luft die Beine vertreten. Findige Unternehmer*innen boten allerlei Erfrischungen und Vergnügungen an. Besonders beliebt war das Wasserglacis, das sich an der Stelle des heutigen Stadtparks befand. Wo der noch unverbaute Wienfluss Richtung Donau mäanderte, wurden Mineralwässer ausgeschenkt. So erhielt der Abschnitt seinen Namen.

Als im Dezember 1857 Kaiser Franz Joseph seine Zustimmung zum Abriss der Stadtbefestigung und dem Bau eines Prachtboulevards gab, bedeutete dies zugleich auch die Verbauung des Glacis. Die Ringstraße mit ihren monumentalen Bauten und luxuriösen Wohnpalais verdrängte ein zentrales Naherholungsgebiet. Die Bevölkerung trauerte noch lange ihrer weitläufigen Esplanade nach. Die Parks der Ringstraße konnten diesen ausgedehnten Grünraum kaum ersetzen. Die Tatsache, dass wir am Ring nur wenige Parkanlagen finden, ergibt sich aus der Logik der Zeit und dem ökonomischen Konzept der Ringstraße. Die Einnahmen aus den verkauften Grundstücken flossen direkt in die Finanzierung der repräsentativen Bauprojekte des Kaisers. In diesem Konzept war Freifläche Luxusgut und stellte dementsprechend eine Ausnahme dar. Aus gesellschaftspolitischer Perspektive konnte der Hof jedoch nicht vollkommen auf Parks verzichten. Sie waren Orte, an denen auch die Bürger*innen Platz an der Ringstraße fanden. *„Und so wie er den Österreichern ihr altgriechisches Parlament hinbaute, wo sie Demokratie spielen durften, waren auch die Gärten und Parks Teil der Gesamtinszenierung des Rings: ein gefälliges Ambiente, wo Bürger friedlich promenieren konnten, damit sie auf keine falschen Gedanken kamen.“*[10]

Nachdem wir nun die Aussicht von der Gartenterrasse des Palais Coburg genossen haben, kehren wir zum **Theodor-Herzl-Platz** zurück. Der Wiener Schriftsteller und Begründer des Zionismus teilt sich den öffentlichen Raum mit der Erinnerung an das ehemalige Palais und das Ausstellungsgelände der Gartenbaugesellschaft, das sich an dieser Stelle befand. Deshalb heißt hier der rechte Streifen des Platzes noch **Gartenbaupromenade.** Sie führt uns nun in Richtung Stadtpark.

Im Palais der Gartenbaugesellschaft wurde alljährlich zur Blumenausstellung geladen. Darüber hinaus etablierte es sich schnell zu einem beliebten Veranstaltungsort der Wiener*innen. Das 1919 im Blumensaal eingerichtete Kino übernahm den Namen seiner Gastgeberin. Das Gartenbaukino übersiedelte zwar nach dem Abbruch des Palais 1960 in den Neubau, der Name zeugt aber immer noch vom ursprünglichen Standort.

Die Gründung der Gartenbaugesellschaft 1837 fällt in eine Zeit starker politischer Repressionen. Da ihnen die Teilhabe am öffentlichen Leben verwehrt blieb, zogen sich Adel und Bürgertum im

[10] Schwarz, 2014.

Biedermeier in private Sphären zurück. Sie widmeten sich neben der Literatur, Musik und Kunst auch der Gartenkunst. Die Gründungsmitglieder entstammten elitären Kreisen und förderten die Kultivierung besonderer Pflanzen in ihren Privatgärten. Doch Gartenkultur war nun nicht mehr nur dem Adel vorbehalten: Die bürgerlichen Hausgärten der Vorstädte erlebten eine wahrhaftige Blüte. Besonderer Beliebtheit erfreute sich die Pelargonie, auch Geranie genannt. Mit ihren unzähligen farben- und formenreichen Züchtungen wurde sie zur Modeblume des Biedermeiers. Bis heute zieren ihre oft farbkräftigen Blüten die Balkone Österreichs.

Angesichts des regen Interesses öffnete sich die Gartenbaugesellschaft bald einem größeren Mitgliederkreis: unter ihrem Dach versammelte sie Gärtner*innen unterschiedlicher sozialer und nationaler Herkunft. Auch Wissenschaftler*innen und Bedienstete des städtischen Gartenbaus, Lehrer*innen und interessierte Laien waren willkommen. Als Österreichische Gartenbaugesellschaft setzt sie ihre Arbeit bis heute fort und bemüht sich intensiv um die Förderung verschiedener Bereiche der Gartenbaukultur.

Nach einem Schwenk nach rechts queren wir den baumbeschatten Ring mit seinen mehrreihigen Alleen und betreten den von dunklen Eibenhecken umrahmten **Stadtpark.** So kommen wir plötzlich vom Schatten in einen lichten Raum. Der Park präsentiert sich über mehrere Monate in abwechslungsreicher Blütenpracht. Im Frühjahr blühen die Rhododendren in Lila, Rot und Gelb. Auch sie zählen zu den beliebten Zierpflanzen des Biedermeiers. Vor dem **Denkmal Johann Strauß Sohn** lachen uns im Frühjahr bunte Tulpenkelche entgegen, im Sommer dann verschiedenfarbige Pelargonien.

Rechts des Denkmals beeindruckt uns die Baummagnolie, deren dekorative Blüte im April einer der ersten Frühlingsboten ist. Dahinter entdecken wir den mächtigen Stamm des Japanischen Perlschnurbaums mit tief gefurchter Borke. Er ist einer der letzten Bäume, die noch aus der Zeit der Erstbepflanzung stammen. Der Perlschnurbaum kommt ursprünglich aus Japan und Korea, ist allerdings in den mitteleuropäischen Städten längst keine Rarität mehr. Da er besonders gut mit dem Stadtklima zurechtkommt und sich als salzverträglich erwiesen hat, wird er mittlerweile gerne als Alleebaum gepflanzt. Im Hochsommer verwandelt er sich mit seinen cremeweißen Blüten in eine Bienenweide.

Die Rasenflächen werden von vielfältigen Gehölzen unterschiedlicher Wuchshöhe gesäumt, gewundene Wege führen zu einem Teich in die Parkmitte. Im Mai setzen Paulownien, auch Blauglockenbaum genannt, mit einer Vielzahl großer Blüten an den ausladenden Ästen blau-lila Akzente. Der Paulownie wird nachgesagt, sie sei Kaiser Franz Josephs Lieblingsbaum gewesen. Die größeren Exemplare im Stadtpark wurden tatsächlich schon zu seinen Lebzeiten gepflanzt. Ebenfalls im Frühjahr erfreut die reiche Kastanienblüte in Weiß und Rosa, teilweise auch mit gefüllten Blüten, unser Auge. Im Sommer sorgen die rot-orangen Flügelnüsse des Götterbaums für stimmungsvolle Abwechslung in üppigem Grün.

Der Stadtpark, 1862 eröffnet, war die erste öffentliche Grünanlage der Ringstraße. Im Gegensatz zum älteren Volksgarten war er von Beginn an der Bevölkerung gewidmet. Für Planung und Umsetzung war der Stadtgärtner Rudolf Siebeck gemeinsam mit dem Landschaftsmaler Joseph Selleny verantwortlich. Selleny hatte als Maler den Blick für das Pittoreske, Dramatische und Romantische. Siebeck wusste diese Visionen konkret mit Pflanzen umzusetzen. In einem seiner Lehrbücher bemerkte er treffend: *„Die bildende Gartenkunst ist mit der Landschaftsmalerei nahe verwandt und beide Künste sollen Hand in Hand gehen, wenn sie einen glücklichen Erfolg erzielen wollen.“*[11] So entstand ein Park im Stil eines englischen Landschaftsgartens mit fremden und heimischen Gehölzen und einer kostspieligen Auswahl exotischer Blumen – die aktuelle Florbepflanzung fällt etwas bescheidener aus. Um den **Donauweibchenbrunnen** finden wir allerdings heute noch im Sommer farbenprächtige, an die historische Bepflanzung erinnernde Beete, beispielsweise mit Indischem Blumenrohr und verschiedenfarbigen Begonien. Auch wenn etliche Bäume aufgrund von Bombenschäden und wegen des

[11] Siebeck, o.J.

U-Bahn-Ausbaus ausgetauscht werden mussten und Neupflanzungen immer wieder notwendig sind, ist dennoch das Gesamtkonzept im Sinne Siebecks und Sellenys bis heute gut nachvollziehbar.

Du narrischer Kastanienbaum

Ganz dicht am Rand,
vom Stadtpark steht,
wo alle Welt vorüber geht,
ein Baum der lässt seit langen,
die Blätter traurig hangen.
Doch plötzlich ist er aufgewacht,
und Kerzen standen über Nacht,
auf allen seinen Zweigen,
jetzt wollte er sich zeigen.
Du narrischer Kastanienbaum,
du blühst erst im August.
Warum erwacht so spät in dir,
des Frühlings Lebenslust.

Dem Kastanienbaum im Stadtpark wird in diesem Wienerlied ein Denkmal gesetzt. Der Dichter Hans Pflanzer amüsiert sich über diese scheinbare Laune der Natur, die den beliebten Wiener Stadtbaum im Sommer zur zweiten Blüte treibt. Die sogenannte Notblüte kann tatsächlich hin und wieder beobachtet und als Stressreaktion des Baumes verstanden werden. Neben Hitze, Trockenheit und Emissionen ist es ein wenige Millimeter großes Insekt, das der weißblühenden **Rosskastanie** *(Aesculus hippocastanum)* seit den 1990er-Jahren in Österreich sichtlich zusetzt – die Kastanienminiermotte.

Sie miniert, also frisst sich durch die obere Schicht des Blattes und schneidet so dessen Wasserzufuhr ab. Befallene Bäume sind an den braun gefleckten Blättern zu erkennen. Bei starkem Befall kann es bereits schon im August zur kompletten Entlaubung kommen. Auch wenn die allgemeine Gesundheit der Kastanien weniger beein-

Weiße Rosskastanie
(Aesculus hippocastanum)

trächtigt ist, als der optische Eindruck vermuten lässt, hat die Ausbreitung der Motte doch negative Auswirkungen auf Kühlungs- und Erholungsfunktion städtischer Grünanlagen. In Wien gibt es alleine um die 30.000 weißblühende Rosskastanien, dazu kommen zahlreiche Exemplare der **Rotblühenden Kastanie** *(Aesculus* x *carnea)*, die allerdings weit weniger stark befallen wird. Auch wenn die Rosskastanie als typischer Stadtbaum ohne Zweifel tief in der Wiener Identität verankert ist, stammt sie ursprünglich von der Balkanhalbinsel. Im expandierenden Osmanischen Reich wurden sie als Futtermittel für die Pferde des Heeres kultiviert. Mit der Edelkastanie *(Castanea sativa)*, die sich geröstet im Winter bei den Wiener*innen großer Beliebtheit erfreut, ist die Rosskastanie übrigens nicht verwandt.

1576 brachte der kaiserliche Botschafter Baron Ungnad aus Istanbul Rosskastanien nach Wien. Carolus Clusius, der Hofbotaniker Kaiser Maximilians II., zog daraus die ersten Kastanienbäume der Stadt. Darüber hinaus stieß er durch den Versand der Samen die Verbreitung in ganz Europa an.

Eine Kuriosität können wir besonders gut bei der weißblühenden Rosskastanie beobachten: die *Befruchtungsampel*. Gelbe Saftmale zeigen den Bienen und anderen Insekten rege Nektarproduktion an. Mit zunehmender Bestäubung stellen die Blüten die Nektarproduktion schrittweise ein. Die Male verfärben sich zunächst orange und später rot und signalisieren so potenziellen Bestäubern ganz deutlich, besser die nächste Blüte anzufliegen.

Der Wienfluss teilt den Stadtpark in zwei Teile. Vom Holzsteg aus haben wir einen schönen Blick auf das **Jugendstilportal**, durch das der Fluss aus seiner Einwölbung hervortritt. Die Wände der Verschalung sind hier wildnishaft mit Jungfernreben (→ S. 22) verhangen. Auf der anderen Seite des Flusses finden wir den Kinderpark – ursprünglich als separater Park für die jungen Wiener*innen gedacht. Diesen Teil des Stadtparks prägen Spiel- und Sportplätze, er hat somit ein ganz anderes Flair als der nördliche Teil, der eher zum gemütlichen Flanieren einlädt.

Vom Stadtpark finden wir nun den Weg zurück zur **Ringstraße** und flanieren diese in Richtung Burggarten entlang. Mit ihren vier- bis sechszeiligen Alleen zählt sie zu einer der wichtigsten Grünanlagen der Innenstadt. Für ihre Bepflanzung wurde abermals der Stadtgärtner Rudolf Siebeck beauftragt. Nach dem Stadtpark wollte Kaiser Franz Joseph alsbald den Prachtboulevard feierlich eröffnen. Dafür wurden etwa 2000 Götterbäume aus Rijeka importiert, die gemeinsam mit Platanen gepflanzt wurden. Am **Opernring** gibt es noch drei Exemplare der Ahornblättrigen Platane, die auf die Erstbepflanzung der 1860er-Jahre zurückgehen. Platanen sind leicht an ihrem fleckigen Stamm erkennbar: Große Stücke der braun-grauen Borke blättern regelmäßig vom glatten Stamm ab und legen die helle Rinde darunter frei. Diese *Häutung* macht sie weniger anfällig gegenüber Schadstoffen, Sonnenbrand und Verletzungen.

Das Begrünungsprojekt entpuppte sich zu einer unerwarteten Herausforderung: Eine Vielzahl der ca. 3000 Bäume ging schon nach kurzer Zeit wieder ein. Siebeck musste sich der Kritik des Gemeinderates und dem Spott der Wiener*innen stellen. Dabei war die Erstwahl der Bäume heftig umstritten. Nicht nur Gebäude, auch Bäume sollten den repräsentativen Ansprüchen der Ringstraße Genüge tun. Dabei wurde argumentiert, Kastanienbäume und Pappeln würden einen proletarischen Anschein erwecken und sollten besser nicht verwendet werden. Bei Neupflanzungen wurde nach den Schwierigkeiten mit dem Götterbaum auf größere Artenvielfalt gesetzt. Berg- und Spitzahorn, Geweihbaum und Schwarznuss gesellten sich zu Linden und Ulmen. Und schlussendlich fand doch auch die Kastanie, die sich bereits im Prater und auf dem Glacis als Stadtbaum bewährt hatte, ihren Platz an der Ringstraße.

Bedenkt man, dass der Götterbaum heute als invasive Art geführt wird, fällt es schwer zu glauben, dass sich nur wenige Exemplare auf der Ringstraße halten konnten. Der letzte auf der Ringstraße wurde 2005 entfernt, in der Stadt begegnet uns der Götterbaum weiterhin an zahlreichen Stellen (→ S. 40).

Unter den aktuellen Neupflanzungen finden wir vermehrt Zürgelbäume. Ihre Hitzeverträglichkeit und Anspruchslosigkeit machen sie zu beliebten Stadtbäumen. Wir erkennen sie an den eiförmigen Blättern mit langgezogener Spitze und den kleinen, kugeligen Steinfrüchten, die sich im Herbst dunkelrot bis blauschwarz färben. In Südtirol *Zürgeln* genannt, werden diese gerne zu Süßspeisen verarbeitet.

Zurück ins 19. Jahrhundert: Nach dem Skandal um die verkümmerten Ringstraßenbäume war die Gemeinde Wien bemüht, die Ursache für das Baumsterben zu finden, kam jedoch auf keinen grünen Zweig. Eine der vielen Theorien bezog sich auf übermäßige, irreguläre „Düngung" durch Urin. Die sanitären Bedingungen im Wien des 19. Jahrhunderts waren dürftig, öffentliche WC-Anlagen gab es lange nicht. Das änderte sich nun zumindest im Bereich der Ringstraße rasch: Zum Baumschutz wurden bis Ende der 1860er-Jahre präventiv 16 Pissoirs aufgestellt. Bis heute ist Urin, sowohl menschlicher als auch tierischer Natur, ein Stressfaktor für Stadtbäume. Dazu kommen zunehmende Versiegelung, Emissionen, Streusalz, Hitze, Trockenheit sowie ein sinkender Grundwasserspiegel. Immer wieder befanden sich die Bäume der Ringstraße zwischenzeitlich in einem kläglichen Zustand. Der frühe Laubfall erregte wiederum die Gemüter der Wiener*innen. So kam es Ende der 1980er-Jahre zur Generalsanierung: der Boden wurde gelockert, mit Nährstoffen und Substrat versetzt und ein Bewässerungssystem installiert. Adäquate Wasserversorgung ist nach wie vor ein großes Thema, und so setzt die Stadt bei neuen Stadtentwicklungsprojekten vermehrt auf die Speicherung und Nutzung von Regenwasser an Ort und Stelle.

Wir sind nun ein ganzes Stück die Ringstraße entlangspaziert und können uns vielleicht vorstellen, wie hier zur Zeit der Monarchie die feine Wiener Gesellschaft in ihren besten Kleidern auf und ab prominierte. Es ging schließlich ums Sehen und Gesehen-Werden. Am **Burggarten** mussten die Wiener*innen allerdings bis 1919 vorbeispazieren, denn als Hofgarten war er dem Kaiser und seiner Familie vorbehalten. Besonders Schaulustige konnten schon davor beim Hofgärtner Einlass erbitten, der ihn, bei Abwesenheit der Herrschaften, mitunter gewährte. Erst nach dem Niedergang der Monarchie wurde der Burggarten öffentlich zugänglich.

Nachdem wir nun neben dem **Goethe-Denkmal** die knorrige, alte Platane aus der Zeit des Ringstraßenbaus bewundert haben, betreten wir den einst exklusivsten Park der Innenstadt, der sich heute im Stile eines Landschaftsgartens präsentiert, wenn auch in stark verkleinertem Maßstab. Wie auch im Stadtpark finden wir hier pittoreske Gehölzgruppen auf Rasenflächen, durch die sich verschlungene Wege ziehen. Neben dem kleinen Teich in der Mitte begegnet uns eine prächtige, rotlaubige Blutbuche. Blühende Sträucher sorgen vor allem im Frühjahr für reizende Farbakzente. In der Nähe des **Mozart-Denkmals** erfreuen wir uns an Weigelien in Rosa, Weiß und Purpur, die bei den Bienen sehr beliebt sind, sowie an Hibiskus, Mahonie, Lorbeer, Schneeball und Flieder.

Dem **bronzenen Franz Joseph I.** steht eine stattliche Libanonzeder mit kegelförmiger Krone und prächtigen Zapfen gegenüber. Der eindrucksvolle Nadelbaum wurde anscheinend dem Kaiser zum Geschenk gemacht, als er 1868 der Eröffnung des Suezkanals beiwohnte.

Beim Schlendern durch den Burggarten begegnen wir sowohl Tourist*innen wie auch Wiener*innen, die es sich in den wärmeren Monaten auf dem Rasen bequem machen. Diese Nutzung der Freiflächen war allerdings auch nach Kaisers Zeiten umstritten, denn lange war das Betreten des Rasens in den öffentlichen Parkanlagen der Hauptstadt verboten. Ende der 1970er-Jahre begann die Jugend vermehrt konsumfreie Räume zu fordern. In der autogerechten Stadt der Nachkriegszeit fehlte es an qualitätsvollen Freiräumen mit der Möglichkeit, sich kostengünstig zu treffen. So formierte sich 1979 die *Burggartenbewegung* – unter dem Motto „Freiheit für den Rasen“ nutzten die Wiener*innen den verbotenen Rasen des Burggartens demonstrativ zum Sitzen, Liegen und Spielen. Die Verwaltung reagierte sehr harsch auf diese Aneignung des öffentlichen Raums: Demonstrationen wurden aufgelöst, die Besetzer*innen mitunter sogar von der Polizei weggetragen. Erst seit 2007 gestattet ein Zusatz in der Wiener Grünanlagenverordnung, den Rasen zur Erholung zu nutzen. Dies gilt allerdings nur für die städtischen Parkanlagen, in den Bundesgärten, zu denen auch der Burggarten zählt, ist das nur in gekennzeichneten Bereichen gestattet. Als historische Gartenanlagen genießen sie besonderen Schutz: Der Fokus liegt darauf, Kunst- und Kulturgut zu bewahren, die Erholungsfunktion ist daher nachrangig.

Historische Gartenanlagen sind rückblickend immer einem Wandel unterworfen. Der Burggarten, der Anfang des 19. Jahrhunderts angelegt wurde, reiht sich in eine Tradition von Hofburggärten ein. Urkundlich wird 1357 zum ersten Mal ein *Baumgarten der Königin* erwähnt. Er befand sich vermutlich vor der Stadtmauer auf dem Areal des heutigen Heldenplatzes. Im Mittelalter wurden die Gärten nach den Prinzipien von *Heil, Lust und Nutzen* gestaltet. So pflanzte man Obst, Gemüse sowie Heilkräuter für die Apotheke. Besonderen Stellenwert hatten die Lustgärten – die Hofbotaniker wurden beauftragt, möglichst beeindruckende exotische Pflanzen zu kultivieren. Die Gärten entsprachen dem Repräsentationsbedürfnis der Herrscher*innen und stellten zugleich einen privaten Rückzugsort dar. Diese Lustgärten wechselten im Laufe der Jahrhunderte immer wieder Ort, Form und Größe – Veränderungsprozesse, die im Zusammenhang mit der Wandlung der Hofburg von einer mittelalterlichen Burganlage hin zu einem weitläufigen Schlosskomplex standen. Einen Höhepunkt der höfischen Gartenkultur verzeichnen wir unter Ferdinand I. im 16. Jahrhundert. Nach der Osmanischen Belagerung 1529 ließ er schöne Gärten anlegen – hier erblühten zum ersten Mal im deutschsprachigen Raum Zitrusgewächse. In dieser Zeit erwuchs die Vorstellung von einer *dritten Natur*: Gemeint war damit die Verschmelzung von Natur und Kunst zur Gartenkunst. Diese Idee wirkte von den Gärten der Renaissance über die des Barocks und der Aufklärung bis zu den heutigen Kulturlandschaften nach.

Aus dem Jahr 1639 existiert ein Pflanzeninventar über die Kübel- und Topfpflanzen in den Gewächshäusern der Hofburg, die im Sommer in den Gärten aufgestellt wurden. Es gewährt uns einen konkreten Einblick in die höfische Pflanzenwelt des frühen 17. Jahrhunderts: 97 große und kleine Pomeranzen, 12 Indianische Feigenkakteen, 3 Lorbeerbäume, 7 Granatapfelbäume, 1 Monatsrose, 23 Spanische Jasmine, 127 Nelken, 5 Myrten, 2 Pappeln, 2 Korallenbäume, 34 Rosmarinstöcke und 9 Majoranstöcke.

Mit der Schaffung des Burggartens gab es nun wieder die Möglichkeit, einen prestigeträchtigen Garten innerhalb der Winterresidenz anzulegen. Der damals regierende „Blumenkaiser" Franz II./I. interessierte sich nicht nur für Botanik, sondern legte gerne selbst Hand an. In Anekdoten wird vom schweißgebadeten Kaiser bei der Gartenarbeit berichtet. Von manchen Besucher*innen des Burggartens wurde er sogar unverblümt angesprochen, da man ihn wegen der Arbeitskleidung mit dem Gärtner verwechselte. Für die oft kolportierte Gärtnerlehre, die er angeblich durchlaufen haben soll, finden sich jedoch keine Quellenbelege. Das Interesse an Natur, Gärten und Landwirtschaft dürfte auf seine Kindheit zurückgehen, die er, als Sohn des Großherzogs der Toskana, umgeben von den herrlichen Boboli-Gärten im Palazzo Pitti in Florenz verbrachte.

Im Gegensatz zur heutigen Erscheinung ließ Franz II./I. einen Großteil des Burggartens von seinem Hofgärtner und Freund Franz Antoine d. Ä. entlang gerader Achsen anlegen und rasterförmig mit Obstbäumen bepflanzen. Dazwischen befanden sich Schmuckbeete. Unter den kultivierten Obstarten waren Birnen, Pfirsiche, Mirabellen, Reineclauden und Pflaumen – im Gewächshaus auch Feigen.

Obwohl der Umfang des kaiserlichen Gartens bescheiden war, überraschte er mit einer großen Artenvielfalt, darunter auch exotische Tiere. Hier tummelten sich neben Enten und Gänsen auch Lamas und eine Antilope. In den Gewächshäusern waren Pflanzen aus allen Erdteilen versammelt. Ein handschriftliches Inventar des Jahres 1834 listet 1600 verschiedene Spezies. Auf besondere Begeisterung stießen Exoten der südlichen Hemisphäre, beispielsweise die Banksien aus Australien oder der Honigstrauch aus Südafrika. Als Kind seiner Zeit war Franz II./I. auch von Pelargonien angetan. *Pelargonium* x *augustissimum*, eine 1828 gezüchtete Art, wurde dem Kaiser gewidmet. *Augustissimum* ist sowohl eine Anspielung auf seine Kaiserwürde als auch auf seine vierte Ehefrau Caroline Auguste.

Sein Sohn Ferdinand I. ließ nicht nur den gesamten Burggarten im Stile des Landschaftsgartens neu anlegen, sondern auch das Gewächshaus umgestalten. Statt der mobilen Topf- und Kübelpflanzen in Stellagen wurde nun eine begehbare Landschaft geschaffen. *„Ein eigenthümliches Gefühl überkommt den Naturfreund, wenn er über seinem Haupte die Kronen von Bäumen schaut, die er sonst nur durch gefahrdrohende Reisen zu erreichen vermag; wenn er in den kühlen Schatten der Zweige weilt, während sich vor ihm ein üppiges, freundliches Bild, an die heisse Tropenzone mahnend, aufgerollt hat, Melastomen und Bergonie, Aloen und Yuccas ihm begegnen, und die Palme im leisesten Schmeichelspiel, der Lüfte ihren herrlich gefiderten Wedel wiegt."*[12] Mit diesen Worten beschreibt der Hofgärtner Franz Antoine d. J. 1852 in eigenen Worten verträumt die Anlage, an deren Stelle sich heute **Jugendstil-Glashäuser** aus der Jahrhundertwende befinden. Die Stahl-Glas-Konstruktion erinnert stark an das beeindruckende Palmenhaus im Schlosspark Schönbrunn. Der vordere Teil der Anlage ist als Palmen- und Schmetterlingshaus der Öffentlichkeit zugänglich, der hintere Teil wird von den Bundesgärten als Winterquartier für immergrüne Dekorationspflanzen genutzt, die ihren großen Auftritt bei Staatsempfängen haben. In der Mitte befindet sich ein Café, in dessen lichtem, hohem Raum Palmen bis zum gewölbten Glasdach emporragen. Eine pink blühende Bougainvillea klettert das weiß

[12] Antoine d. J., 1852.

Pelargonie
***(Pelargonium* x**
augustissimum)

lackierte Stahlgerüst nach oben. An den Seiten finden wir Aralien, Fici und Bananenstauden.

Was die höfischen Gärten trotz ihrer ständigen Veränderung verbindet, ist die Idee eines *Hortus conclusus* – eines geschlossenen, geschützten Ortes. Der Garten ist somit der Ruheort innerhalb einer Umzäunung, in dem sich das Beste, Schönste und Kostbarste befindet. Damit knüpft er auch an die Vorstellungen eines himm-

Blick von außen auf das ehemalige klassizistische Glashaus im Burggarten, Lithografie von Ludwig Czerny, 1850

Im Inneren des ehemaligen Glashauses erwartete die Besucher*innen eine Vielzahl exotischer, malerisch gruppierter Pflanzen, 1852

lischen Paradieses an. Paradies lässt sich auf das altiranische Wort *pairidaeza* für Einfriedung oder Umwallung zurückführen – eine Bedeutung, die es mit der etymologischen Herleitung des Wortes Garten teilt. Im Garten soll also ein paradiesischer Zustand hergestellt werden. Davon zeugt auch die wiederkehrende Benennung von Gartenanlagen rund um die Hofburg als *Paradeisgartl.* Doch im Laufe des 20. Jahrhunderts begannen die Gärten aus ihrem eingegrenzten Raum herauszutreten. Wie Clément bemerkt, verändern gesellschaftliche Entwicklungen nicht nur *„die Vorstellung vom Besten innerhalb der Einfriedung, sondern rütteln an der Einfriedung selbst, bis sie verschwindet. Die Ökologie ist geboren."*[13]

Eine urbane Grünanlage, die nicht mehr dem Prinzip des Hortus conclusus entspricht, begegnet uns wenige Schritte weiter am **Heldenplatz.** Er wird gestalterisch durch die monumentale Architektur des Kaiserreichs dominiert. Seine heutige Form entstand in der zweiten Hälfte des 19. Jahrhunderts, ebenfalls im Zuge des Ringstraßenbaus. Die Parkanlage des Heldenplatzes besteht aus von Alleen gesäumten Rasenflächen, auf denen die Wiener*innen gerne die Abendsonne genießen. Hier blüht im Frühling neben Kastanienbäumen auch lila Flieder in bezaubernden, kugeligen Beständen.

Der **Gemeine Flieder** *(Syringa vulgaris)* ist ein in Wien äußerst beliebter Zierstrauch. Er blüht meist weiß, lila oder purpur, in selteneren Fällen auch gelb. Ursprünglich auf der Balkanhalbinsel und in Vorderasien beheimatet, ist er aus dem Stadtbild nicht mehr wegzudenken. Wir finden das Ölbaumgewächs mit den herzförmigen Blättern in zahlreichen Garten- und Parkanlagen – besonders üppig ist die Fliederblüte etwa am St. Marxer Friedhof. Mitte des 16. Jahrhunderts kam er im Gepäck des kaiserlichen Gesandten, des Flamen Ogier Ghislain de Busbecq, in dessen Garten er vermutlich zum ersten Mal innerhalb Wiens erblühte. Das Haus des Diplomaten, der ein besonderes Interesse für Medizin, Zoologie und Botanik

[13] Clément, 2015.

Gemeiner Flieder
(Syringa vulgaris)

hegte, wurde bald *Zur Hollerstauden* und der dahinter liegende Abschnitt der Stadtbefestigung *Hollerstaudenbastei* genannt. Heute befände es sich in der Seilerstätte 16. Allerdings handelt es sich beim **Holunder** *(Sambucus)* um eine ganz andere Gattung. Wie kam es zu dieser Bezeichnung? Da Flieder aus Istanbul eingeführt wurde, tauften ihn die Wiener*innen „Türkischer Holler".

Als spannendes geschichtliches Detail kann die Bepflanzung des Heldenplatzes mit Ölfrucht während des Zweiten Weltkriegs betrachtet werden. Zwar kam es in und um die Zeit der Weltkriege in Wien immer wieder zur Aneignung öffentlicher und privater Flächen für agrarische Zwecke, doch scheint die profane Nutzung des Platzes gerade in Verbindung mit seiner Prominenz und Bedeutung durchaus kurios. Bevor man Mitte des 19. Jahrhunderts mit der industriellen Förderung von Erdöl begann, lieferten übrigens Ölfrüchte, neben Fetten tierischen Ursprungs, das Lampenöl für die Straßenlaternen.

Der **Maria-Theresien-Platz** trennt das Kunsthistorische vom Naturhistorischen Museum, die Fläche wird vom namensgebenden Denkmal dominiert. Die primäre Funktion der Grünfläche besteht hier darin, den repräsentativen Bauten Raum zur Entfaltung ihrer monumentalen Wirkung zu geben. Bereits das Planungskomitee der Ringstraße wünschte ausdrücklich eine Grünanlage *„im französischen Style, ohne Allen oder Baumgruppen“*[14]. Auf vier symmetrisch angelegten Quadraten um jeweils einen zentralen Brunnen sind Formschnittgehölze gruppiert: kegelförmige Eiben, runde Buchsbäume und zylinderförmige Thujen. Die Museumsfronten seitlich der Eingänge zierten ursprünglich kegelförmige Schwarzkiefern, die allerdings mit zunehmendem Alter ihre Zierform einbüßten.

Auf dem Weg zur Mariahilfer Straße können wir einen kurzen Blick auf eines der gekiesten, verhältnismäßig arbeitsextensiven Staudenbeete nach dem Konzept der Mischpflanzung werfen, die im Stadtbild immer präsenter werden. Im Frühjahr trennt es die Fahrbahnen der stark befahrenen **Museumsstraße** mit einem blühenden Streifen aus Tulpen und Milchstern. Später im Jahr leuchten Fackellilien in strahlendem Gelb neben Katzenminze und Storchschnabel in zartem Lila. Wolfsmilchgewächse, Schafgarbe, Salbei und andere Zierstauden vervollständigen das Ensemble und sorgen für abwechslungsreiche Akzente im Jahresverlauf. Die

[14] Schwarz, 2014.

Pracht der Wiener Stadtbeete wird zunehmend nicht mehr durch jährlich neu gepflanzte Sommerblumen bestimmt, sondern durch langlebige Pflanzenmischungen von Zwiebelgewächsen, robusten Gräsern und mehrjährigen Stauden. Die Bepflanzung variiert je nach Standort. Viele der verwendeten Pflanzen weisen ausgeklügelte Mechanismen auf, um ihren Wasserhaushalt bei starker Sonneneinstrahlung, Hitze und Trockenheit möglichst optimal zu regulieren. Salbei und Wollziest, auch *Eselsohr* genannt, schützt beispielsweise die samtige, silbrig glänzende Behaarung ihrer Blätter vor übermäßiger Verdunstung. Die Fetthenne, eine dekorative Sukkulente, speichert Wasser direkt in ihren fleischigen Blättern.

Entlang der Fassade des Museumsquartiers verläuft eine Rasenfläche, die zur Straße hin von einer niedrigen Hecke eingefasst ist. Sie fällt uns erst als Grünfläche auf, wenn wir ihr bewusst unsere Aufmerksamkeit schenken. Handelt es sich hier um eine Form von *Abstandsgrün* oder gar um einen der ominösen *Beserlparks* der Wiener*innen?

Unter einem Beserlpark verstehen diese eine kleine, sehr dürftig bepflanzte Grünanlage. Ursprünglich als Spottname für den Park am Franz-Josefs-Kai erdacht, wurde er bald auf andere Freiflächen der Stadt umgemünzt. Zwar rufen mitunter halb vertrocknete Pflanzen die bildliche Assoziation zum Kehrgerät hervor, im Wien des 19. Jahrhunderts war „Beserl" jedoch ein unschöner Name für Frauen niedriger Schichten. Dies galt insbesondere für Sexarbeiterinnen, die in öffentlichen Parkanlagen des Nachts auf Kundschaft warteten. Gerade in einer Zeit, in der wir die Auswirkungen des Klimawandels verstärkt wahrnehmen, eröffnen diese scheinbar unbedeutenden, bescheidenen Freiflächen ihr Potenzial, durch effektive Begrünung Hitzeinseln abzuschwächen. Entscheidend dabei ist die Wahl von Pflanzen, die den schwierigen Lebensbedingungen in der Stadt gewachsen sind. Zunehmend kommen deshalb bei der Gestaltung Pflanzen zum Einsatz, die mit Wetterextremen besser zurechtkommen.

So sehr große Bäume das Stadtbild prägen, so tragen auch die unzähligen Blumen, Gräser und Stauden zum grünen Gesamtbild

Wiens bei. Gleich zu Beginn der **Mariahilfer Straße** begegnen uns wieder bekieste Trockenbeete, die hier in großen Pflanzenbehältern angelegt wurden und einen farbenfrohen Unterwuchs für die jungen Blasenbäume bilden. Die im Sommer gelb blühende Baumart, kommt ursprünglich aus China und Korea. Anspruchslos und trockenheitsverträglich ist sie ein hervorragender Stadtbaum. Ihre dreieckigen, grünen Blasenfrüchte, die an kleine Lampions erinnern, verfärben sich später dekorativ orange bis rot.

Folgen wir der Mariahilfer Straße nun nach Westen, treten wir unter das lichte Laubdach der stadtklimafitten Gleditschie, aufgrund ihrer Früchte auch Lederhülsenbaum genannt. Die alternative Bezeichnung *Christusdorn* bezieht sich auf die langen, dreiteiligen Dornen, die sie an Stamm und Ästen entwickelt. Sie sind so gefährlich, dass in Wien gewöhnlich nur dornenlose Varietäten zu finden sind. Eine Ausnahme finden wir im Botanischen Garten des Schlossparks Schönbrunn (→ S. 119). Die besonders hoch gelegene Krone der Baumart ermöglicht eine gute Luftzirkulation auf der Einkaufsstraße und verdunkelt die Wohnungen der unteren Etagen nicht übermäßig.

So groß die Anforderungen an Stadtbäume auch sind, so viel leisten sie für unsere Gesundheit und unser Wohlbefinden. Ein ausgewachsener Baum kann den täglichen Sauerstoffbedarf von bis zu zehn Menschen decken, er spendet kühlenden Schatten, indem er Wasser über die Blätter verdunstet, filtert Staub aus der Luft, schützt vor Wind und Lärm und speichert Kohlendioxid. Er bietet zahlreichen Tierarten einen Lebensraum und wirkt beruhigend auf die menschliche Psyche. Da die Auswirkungen des Klimawandels immer stärker wahrgenommen werden, reagiert auch die Stadt Wien entsprechend und forciert die Pflanzung von etwa dreißig stadtklimafitten Baumarten. Dabei wird vermehrt auf nicht heimische Bäume gesetzt. Einigen davon – Platane, Japanischem Schnurbaum, Zürgelbaum und Blasenbaum – sind wir im Laufe dieses Spaziergangs schon begegnet. Ein weiterer beliebter Exot ist der Ginkgo (→ S. 121). Mit Blick auf die Zukunft geht es allerdings nicht darum, einige wenige ideale Stadtbäume zu identifizieren, sondern auf eine möglichst große Artenvielfalt zu setzen. Kritische Stimmen sehen in Wien noch größeres Wachstumspotenzial und sprechen sich für mehr Diversität in Bezug auf Neupflanzungen im öffentlichen Raum aus. Sie stellt einen natürlichen Schutz gegen Parasiten und Schädlinge dar, wenn diese nicht mehr ungehindert von einer Wirtspflanze zur nächsten springen können. Andere vielversprechende Gehölze wären beispielsweise der Judasbaum, die Mannaesche, der Seiden- oder der Paternosterbaum. Ein Blick in die Vergangenheit kann in dieser Hinsicht auch eine überraschende Inspirationsquelle sein: Einige der zukunftsweisenden Exoten wurden bereits zu Kaisers Zeiten in öffentlichen Parkanlagen gepflanzt.

Biegen wir in der Theobaldgasse rechts ab, erreichen wir nach wenigen Metern die **Fillgraderstiege**, eine großzügig angelegte Treppenanlage im Jugendstil mit geometrisch stilisiertem Blumendekor. Abwärts schreitend nehmen wir den gewaltigen Geländesprung wahr. Mariahilf ist aufgrund seiner Steillage am Hang des Wientals durch mehrere Stiegen erschlossen. Wo sich heute gründerzeitliche Mietskasernen aneinanderreihen, erstreckten sich bis in die frühe Neuzeit fruchtbare Felder und Weingärten zwischen dörflichen Siedlungen.

An diesen Hängen wurde einst das teuerste Gewürz der Welt angebaut, dessen Weg nach Wien in eine bekannte Sage – „Die Spinnerin am Kreuz“ – Eingang fand: Wir stellen uns vor, wie eine Frau auf der Anhöhe des Wienerbergs unter einem Holzkreuz sitzt und spinnt. Gelegentlich hebt sie den Blick Richtung Süden. Sehnsüchtig wartet sie auf die Rückkehr ihres Mannes, der sich vor Jahren als Kreuzritter nach Palästina aufgemacht hatte. Schlussendlich wird sie für ihre Treue belohnt – ihr Mann kehrt zurück und obendrein macht er ihr ein wundersames Geschenk. Aus dem Osten bringt er ihr zarte, blassviolette Blumen mit leuchtend orangen Narben, den Safran.

Der herbstblühende *Crocus sativus* wurde tatsächlich durch Heimkehrer*innen der Kreuzzüge aus dem östlichen Mittelmeerraum importiert und ab dem 14. Jahrhundert großflächig um

Safran
(Crocus sativus)

die Stadt angebaut, so auch hier an den fruchtbaren Hängen des Wientals im Gebiet des heutigen sechsten Bezirks. Das **Sgraffito am Erkerturm** des Hauses am Ende der **Fillgradergasse**, das verschiedene Wirtschaftszweige der Gegend darstellt, erinnert daran.

Es waren die reichen Bürger*innen Wiens, die im Umland auf ihren Besitzungen Wein oder Safran als die zwei einkommensstärksten agrarischen Exportgüter des Mittelalters kultivierten. Wiener Safran war ein exklusives Luxusgut, das als Würz- und Farbstoff, Heilmittel sowie Aphrodisiakum verwendet wurde. Für die Gewinnung von einem Kilogramm Safran benötigt man eine Anbaufläche von 2000 Quadratmetern, dazu müssen in Handarbeit aus 150.000 Blüten die Narben gezogen werden. So entsprach etwa um 1400 ein halbes Kilogramm Safran dem Wert einer Kuh.

Im 18. Jahrhundert endete der vormals so gewinnbringende Safrananbau in Wien. Die Kulturflächen rund um die Stadt waren stark geschrumpft, die allmähliche Verschlechterung des Wetters zur Zeit der Safranblüte im Oktober und der hohe Arbeitsaufwand machten den Anbau unrentabel.

Wir setzen unseren Weg nun weiter in Richtung Naschmarkt fort, wo wir an der **Linken Wienzeile 38** und **40** einen Blick auf zwei prachtvoll gestaltete Jugendstilhäuser mit floralem Dekor von Otto Wagner erhaschen können.

Nach dem Queren des Marktes betreten wir schließlich durch ein unscheinbares Gittertor in der **Preßgasse 24**, mitten im dicht bebauten Wohngebiet, eine grüne Oase. Der 5100 Quadratmeter große **Planquadrat-Park** entstand in den 1970er-Jahren auf Initiative von ORF-Mitarbeiter*innen gemeinsam mit Anrainer*innen. Zusammengeschlossen als *Gartenhof-Verein* schafften sie es, aus mehreren privaten Innenhöfen eines typisch gründerzeitlichen Häuserblocks eine gemeinsame, selbstverwaltete Parkanlage zu machen. Untertags ist sie auch der Öffentlichkeit zugänglich und stellt auf der Wieden, einem der Bezirke mit hohem Versiegelungsgrad, einen wertvollen Naherholungsraum dar.

Für die liebevolle Begrünung des Hofgartens sind die Vereinsmitglieder zuständig. Stattliche Platanen und Kastanien spenden gemeinsam mit Ahorn, Linde und einem Blauglockenbaum reichlich kühlenden Schatten. Zwischen den gewundenen Wegen sind unter üppigen Büschen und Sträuchern Rosen und Flieder zu entdecken, Efeu und Jungfernreben erklimmen die gründerzeitlichen Mauern. Eine lauschige Pergola lädt uns nun am Ende dieses Spaziergangs zum Verweilen ein. Dieses Leuchtturmprojekt ist ein gutes Beispiel für die Transformation von privaten hin zu halböffentlichen Räumen. Es zeigt auf, wie qualitätsvoller Erholungsraum für Bewohner*innen über Grundstücksgrenzen hinaus geschaffen werden kann und wie viel Begrünungspotenzial noch in der gründerzeitlichen Stadt steckt. Er kann vielleicht auch als eine zeitgenössische, egalitäre Form des *Hortus conclusus* betrachtet werden. Hier ist ein geschützter, reich begrünter, liebevoll gepflegter Grünraum entstanden, der allen Bewohner*innen der Stadt zugänglich ist.

BAROCKER GARTEN UND PFLANZENSAMMLUNGEN

BELVEDEREGARTEN UND BOTANISCHER GARTEN DER UNIVERSITÄT WIEN

LÄNGE, DAUER UND CHARAKTERISTIK:
2,2 km, 1 Stunde
Ein kurzer, gemütlicher Spaziergang durch zwei höchst unterschiedliche Gärten im dritten Bezirk, in denen zahlreiche Bänke zum Verweilen einladen. Die gekiesten Wege führen im Belvederegarten zuerst bergauf, im Botanischen Garten leicht bergab.

Auf dieser kurzen Route bewegen wir uns auf den Fragmenten des ausgedehnten, prachtvollen Grüngürtels, der sich einst um Wien legte. Im Belvederegarten tauchen wir in die Welt des barocken Gartens ein – mit kunstvoll ornamentalen Beeten, Formgehölzen und reizvollem Perspektivenspiel. Im Garten und der kostbaren Pflanzensammlung sollte der Kosmos einer wohlgefälligen Ordnung zugeführt werden. Dabei war das Erobern – aus europäischer Sicht – unbekannter Pflanzenwelten gängige Praxis. Der Botanische Garten in unmittelbarer Nähe knüpft an die Tradition des repräsentativen Sammelns an. Doch im Zuge der Aufklärung wandelten sich die botanischen Wunderkammern zu Orten der Forschung und Bildung. Bei diesem Spaziergang wollen wir auch die pflanzenliebenden Menschen, die ihr Leben der Forschung widmeten, sichtbar machen. Bis heute dient der Botanische Garten primär der Wissensvermittlung im akademischen Kontext, was uns jedoch nicht vom Staunen über die faszinierende Artenvielfalt abhalten soll. Darüber hinaus lädt die malerisch gestaltet Anlage zum erholsamen Genuss des Grünraums ein.

Unser Spaziergang beginnt am **Rennweg 6a**, direkt am Unteren Belvedere. Bevor wir vom kleinen Hof aus den Garten betreten, begegnen uns im Durchgang zwei mythologische Gestalten der Antike: eine blumenumwundene Frau und ein von Trauben gekrönter Mann. Es sind Bacchus, der Gott des Weines, und Flora, die Göttin der Blüte. Beide verkörpern die Lust und Freude an der üppigen Vegetation und wünschen uns gutes Geleit auf unserer Erkundungstour.

Das prachtvolle Barockensemble des Belvederes besteht aus zwei Schlossbauten, zwischen denen sich der Hauptgarten auf abschüssigem Terrain aufspannt. Zeitgenoss*innen behaupteten nach Fertigstellung, es sei nach Versaille die schönste Residenz Europas. Obwohl seit dem 18. Jahrhundert immer wieder Veränderungen an Architektur und Grünanlage vorgenommen wurden, bewahrt es bis heute seine prachtvolle barocke Integrität. Gebaut wurde es jedoch nicht für einen König oder Kaiser, sondern als Sommerresidenz für Prinz Eugen von Savoyen – einen Mann vielseitiger Interessen und Talente. In der österreichischen Geschichte vor allem als großer Feldherr erinnert, war er auch ein wissbegieriger und kunstsinniger Geist. Er förderte die schönen Künste, besaß eine umfassende Bibliothek und interessierte sich für alles Leben unter der Sonne. Eine besondere Leidenschaft hegte er dabei für die Botanik. An der Planung des Gartens beteiligte er sich höchstpersönlich. Im Detail wurde dieser von Dominique Girard geplant, der sich selbst als Schüler André Le Nôtres, des Gartenarchitekten des Sonnenkönigs Ludwig XIV., verstand.

Der prächtige Garten und die Sammlungen exotischer Pflanzen in den Glashäusern dienten allerdings nicht nur dem reinen Genuss und der Freude an der intellektuellen Beschäftigung, sondern vor allem auch der Repräsentation. Im formal-geometrischen Lustgarten des Barock triumphiert die Ratio des Menschen über das Chaos der Wildnis. Gestalterische Eingriffe empfand man nicht als gewaltsam, sondern als geschmackvolle Ästhetisierung.

Der Garten ist entlang einer zentralen Achse auf drei Geländestufen angelegt. Wir befinden uns auf der **untersten Ebene**, die nahtlos an das Untere Belvedere anschließt. Dieser Bau diente Prinz Eugen zu Wohnzwecken, im Gegensatz zum Oberen Belvedere, das ausschließlich für Repräsentation, Amtsgeschäfte und Feste genutzt wurde. Die geradlinigen Hecken aus Feldahorn bilden hier die *Boskette*, ein typisches Element des Barockgartens, das symbolhaft für die Wildnis steht. Zugleich sind sie hier Mauern kleinteiliger Gartenräume, die wir durch Öffnungen in den Hecken betreten. In deren Mitte finden wir jeweils ein *Boulingrin*. Dieses vertiefte Rasenstück, dessen Benennung sich vom englischen *bowling green* ableitet, war gestalterisches Gartenelement und diente zugleich dem Ballspiel.

An der Westseite des Unteren Belvederes sind der Kammergarten, der ehemalige Privatgarten des Prinzen, und die Orangerie angesiedelt. Wo einst aromatische Zitrusfrüchte und andere wärmeliebende Pflanzen überwinterten, befinden sich heute Ausstellungsräumlichkeiten. Im Sommer wurden die Kübelkulturen im Garten aufgestellt. Zwei Glashäuser beherbergten weitere Pflanzenkostbarkeiten.

Wir kehren zurück zur Hauptachse, die von in Form geschnittenen Eiben flankiert wird. Aus den Nischen der Hecken grüßen uns die Musen, dynamisch bewegte Frauenskulpturen, die mit ihren Attributen Künste und Wissenschaften symbolisieren. Der zentrale Weg führt uns zu einem Brunnen. Stehen wir direkt davor, stellen wir plötzlich fest, dass das Obere Belvedere hinter der Geländekante verschwunden ist. Um auf die nächste Ebene zu gelangen, müssen wir nun nach links oder rechts gehen – die scheinbare Geradlinigkeit des barocken Gartens wird auf diese Art immer wieder durch eine ausgeklügelte Wegführung durchbrochen. Mit dem Betreten der Grünanlage ordnen wir uns ihrer Dramaturgie unter, einer Choreografie der Ebenen und architektonischen Elemente. Immer wieder werden wir verspielt gezwungen, die Richtung zu wechseln, was uns neue Perspektiven eröffnet.

Die **mittlere Ebene** wird von großen Rasenflächen dominiert, die von Ende April bis Mitte Oktober von blühenden Bändern gerahmt sind. Sie werden jedes Jahr mit anderen Sommerblumen

Amerikanische Agave
(Agave americana)

und Stauden bepflanzt und sorgen für ein reizvolles Farben- und Formenspiel. Diese Art der Beetgestaltung wird auch *Broderie* oder *Blumenstickerei* genannt – wie mit Nadel und Stickgarn werden hier Pflanzen in reizvollen Mustern arrangiert.

Vor über 300 Jahren sorgte im Belvederegarten eine blühende **Amerikanische Agave** *(Agave americana)* für Schlagzeilen im *Wienerischen Diarium,* dem Vorläufer der *Wiener Zeitung: „Und hatte mit grosser Verwunderung den 6. dieses [April] die Aloe Americana major [...] in schönster Flor und Vollkommenheit (als sie dieser Landen zuvor noch niemalen gesehen worden) [...] zu floriren angefangen."*[15] Es ist die erste dokumentierte Blüte einer Agave in Österreich, die zu Prinz Eugens Lebzeiten noch zu den Aloen gezählt wurde. Das Spargelgewächs bezaubert mit seiner beeindruckenden Blüte: Am Ende seines Lebens, das mehrere Jahrzehnte dauert, erwächst ein bis zu neun Meter hoher Blütenstand, an dem sich tausende Knospen befinden. Sie erblühen zeitversetzt, jeweils nur für ein paar Tage, so dass sich das eindrückliche Spektakel über Wochen zieht.

Um die Gartenlust Prinz Eugens zu stillen, reichte das Belvedere nicht aus. 1725 erwarb er ein Anwesen im Marchfeld, das er zu einer höchst imposanten Anlage umbauen ließ. Hierher lud der Prinz zur Jagd in den Marchauen und zu illustren Sommerfesten. Das **Schloss Hof** beeindruckt mit sieben Gartenterrassen, die heute wieder in barockem Glanz erstrahlen. Über 15 Jahre dauerte die forschungsbasierte Rekonstruktion des Gartens, fußend auf Gartenplänen und Bildern sowie umfassenden archäobotanischen Ausgrabungen. Mit Laubengängen, Bosketten und Boulingrins weist er typische gartenarchitektonische Elemente der Zeit auf. Die Wechselflorbepflanzung der Broderiebeete orientiert sich dabei an den Vorlieben des 18. Jahr-

[15] Baumgartner, 2020.

Die barocke Anlage von Schloss Hof samt weitläufigem Garten zur Zeit Maria Theresias, festgehalten von Bernardo Bellotto (genannt Canaletto), 1759/60; Kunsthistorisches Museum

hunderts. Auf der untersten Terrasse wird ein Labyrinth einem Irrgarten vergleichend gegenübergestellt. Auch die angeschlossene Orangerie und die Gutshofanlage mit Kräuter- und Küchengärten ermöglichen uns einen Einblick in die barocke Gartenwelt der Reichen und Schönen.

Die zentrale Achse führt uns nun zu einer Kaskade, die lustvoll die beiden Ebenen miteinander verbindet. Stehen wir mittig und direkt vor dem künstlichen Wasserfall, wirkt das Obere Belvedere zum Greifen nah – ja es scheint quasi der Kaskade zu entwachsen. Wieder überrascht uns der geniale Architekt mit einer optischen Täuschung: Die oberste Gartenebene verschwindet an dieser Stelle.

Die nächste Ebene erreichen wir nur, indem wir umdrehen und ein Stück zurück zu den Rampen gehen. Somit eröffnet sich uns zum ersten Mal der fantastische Blick von oben auf das tiefer liegende Parterre und das Untere Belvedere, hinter dem sich die Stadt erhebt. Auf der **obersten Ebene** treffen wir auf Beete, in denen schmale Reihen von Buchspflänzchen kunstvoll geschwungenen Linien folgen. Im Gegensatz zur mittleren Ebene finden wir hier allerdings keinen Rasen – anorganisches Material bildet den optischen Kontrast zu den Arabesken aus Buchs. Dem Menschen des Barock schien dies als die vornehmste Art der Broderiebeete. Bereits in den Gärten der Antike wurde der Buchs wegen seiner guten Schnittverträglichkeit als dekoratives Element geschätzt. In den Zier- und Nutzgärten verwendete man ihn zur Einfassung von Beeten und als Formschnittgehölz. Während der Renaissance war der Buchs nur eine von vielen Pflanzen, die für das Umranden der Beete herangezogen wurde – man bevorzugte damals wohlriechende Kräuter wie Lavendel, Salbei und Thymian. In den Barockgärten erfreut sich der Buchs bis heute großer Beliebtheit, die jedoch seit einiger Zeit durch den Buchsbaumzünsler geschmälert wird. Er ist die Leibspeise der Raupen dieses Falters, die viele der alten Formhölzer in Gärten und Parks zunichte gemacht haben.

Die pflegeintensiven Broderiebeete zierten nicht durchgehend die Parterre des Schlossgartens. Zeitweise begnügte man sich mit einfachen geometrischen Rasenflächen, auf denen während des Zweiten Weltkriegs auch Kühe weideten. Innerstädtische Freiflächen wurden aufgrund der Versorgungskrise zu Kriegszeiten immer wieder für landwirtschaftliche Zwecke genutzt. So baute man an anderen prominenten Plätzen beispielsweise Feldfrüchte an (→ S. 85).

Wir sind auf der **Hügelkuppe** angekommen, die mit dem prunkvollen Oberen Belvedere den krönenden Abschluss der Anlage darstellt. Der Garten breitet sich in all seiner Pracht vor uns aus. Von diesem Punkt aus können wir die Struktur des formalgeometrischen Barockgartens besonders gut erfassen: Er ist die logische Fortführung der Architektur im Freien und bildet mit ihr eine harmonische Einheit. Dahinter erblicken wir das Stadtzentrum, am Südturm des Stephansdoms klar ausmachbar. Lassen wir unseren Blick in die Ferne schweifen, sehen wir die bewaldeten Hänge des Wienerwalds (→ S. 161), der die Stadt vom Nordwesten her wie eine grüne Klammer umspannt.

Der Kupferstich von Salomon Kleiner aus dem Jahr 1731 zeigt eine Vogelschau auf die barocken Gärten des Belvedere und des Palais Schwarzenberg sowie den Klostergarten der Salesianerinnen; Belvedere

Wenn wir unsere Aufmerksamkeit noch einmal auf die unmittelbare Umgebung richten, so sehen wir die Anlage beiderseits durch weitere Gärten begrenzt – gut erkennbar an den hohen Baumkronen. Zu unserer Linken liegt das Palais Schwarzenberg samt Garten. Rechts erstreckt sich hinter der Kirche mit der schwarzen Kuppel der Klostergarten der Salesianerinnen. Gemeinsam mit dem Belvederegarten und dem Botanischen Garten der Universität Wien stellen sie den letzten Rest des ehemals ausgedehnten Gartengürtels herrschaftlicher Sommersitze dar, der gegen Ende des 17. Jahrhunderts um die Stadt entstand.

Sie verdrängten Weingärten und Agrarflächen, Bürgerhäuser und Werkstätten. Während die Adeligen ihre Sommer in den ausladenden Gärten genossen, wurde der Lebensraum der einfachen Leute in den Vorstädten immer enger. Doch auch die herrschaftlichen Anwesen waren nicht für die Ewigkeit bestimmt. Sie wurden ihrerseits wenige Jahrhunderte später durch die zunehmende Urbanisierung aufgelöst. Nur wenige dieser Residenzen konnten sich inklusive ihrer Gärten über das 20. Jahrhundert hinaus erhalten, darunter der Garten des Palais Liechtenstein (→ S. 37) und der Schwarzenbergpark (→ S. 178).

Von hier gehen wir nun um das Obere Belvedere herum und unter regelmäßig gepflanzten Linden am großen Wasserspiegel im Ehrenhof vorbei. Nachdem wir die Anlage durch das schmiedeeiserne Tor verlassen haben, halten wir uns links und erreichen nach wenigen Schritten den südlichen Eingang des Botanischen Gartens am Alpengarten.

Optional kann gegen Eintritt der **Alpengarten** besucht werden. Dieser ist zwischen 10 und 18 Uhr in der Blütezeit von März bis Anfang August zugänglich. Innerhalb Europas ist er der älteste seiner Art: 4000 alpine Pflanzenarten aus aller Welt, darunter auch zahlreiche Rhododendren, die im April prachtvoll blühen, drängen sich hier atmosphärisch und naturnah gruppiert. *Rhododendron hirsutum,* die heimische bewimperte Alpenrose mit verhältnismäßig kleinen, auffällig stark riechenden Blüten, ist eine davon. Die Alternativbezeichnung **Almrausch** verweist auf die toxische Wirkung dieser Pflanze für Mensch und Tier.

Das erste Alpinum Österreichs begründete Carolus Clusius, der die Flora von Ötscher und Schneeberg eingehend erforschte und damit einen wesentlichen Beitrag zur Systematisierung der Alpenflora beitrug. Die alpine Sammlung im Belvederegarten geht auf Erzherzog Johann und seine Brüder zurück, wurde zu Beginn des 19. Jahrhunderts im Schlosspark Schönbrunn gegründet und 1865 hierher verlegt. Im Rahmen eines internationalen Samentauschprogramms

Almrausch
(Rhododendron hirsutum)

sorgt man heute dafür, gefährdete Pflanzen des Alpenraums zu erhalten. Doch nicht nur diese werden hier den Besucher*innen nähergebracht. Auch eine einzigartige Sammlung japanischer Bonsais kann bestaunt werden, die mehr als hundert Exemplare umfasst.

Unmittelbar nach Betreten des Botanischen Gartens finden wir an der Mauer eine Gedenktafel für Nicolaus Thomas Host. Als Leibarzt und Botaniker des Gartenliebhabers Franz II./I. initiierte er die Anlage eines Gartens, in der die Flora der Österreichischen Erbländer repräsentiert werden sollte. Anstelle des ehemaligen Kräuter- und Küchengartens des Prinzen Eugen wuchsen und gediehen nun im sogenannten Host'schen Garten Arten aus den verschiedenen Teilen der Monarchie – darunter auch bis dahin unbekannte Pflanzen aus Istrien, Hosts Heimat, und Dalmatien. Die Sammlung lebt heute weiter in der thematischen Gruppe des Botanischen Gartens *Flora von Österreich*, die sich ein Stück weiter nördlich von hier befindet. Ein Teil fand ebenso Eingang in den Alpengarten. Host selbst wurde noch zu seinen Lebzeiten geehrt, indem man eine Pflanzengattung nach ihm benannte. Die Hosta-Arten, auch *Funkien* oder *Herzblattlilien* genannt, stammen jedoch nicht aus den Kronländern, sondern aus Asien. Fraglich bleibt, ob der Botaniker die Arten, die seinen Namen tragen, jemals persönlich gesehen hat. Heute sind sie jedenfalls beliebte Zierstauden. Wir begegnen ihnen häufig im öffentlichen Raum: In extensiven Mischpflanzungen werden sie gerne an schattigen Standorten eingesetzt. Im Botanischen Garten finden sich einige schöne Exemplare im Beet unmittelbar nördlich des Bambushains.

Verschlungene Wege führen in den Botanischen Garten hinein und geben uns die Möglichkeit, mitten in Wien eine Weltreise zu machen. Auf diesem kleinen Fleckchen Erde sind um die 11.500 Pflanzenarten beider Hemisphären versammelt. Der Garten geht in seinen Ursprüngen auf die Mitte des 18. Jahrhunderts zurück. Damals war er allerdings noch um ein Vielfaches kleiner und streng symmetrisch gestaltet, entsprechend der Gartenmode der

Blaublatt-Funkie
(Hosta sieboldiana)

Zeit. Als wissenschaftliches Zentrum und Ort des Artenschutzes sind die Sammlungen heute noch ständig im Wachstum und in Veränderung begriffen. Die botanischen Exponate sind mit Namensetiketten versehen, Informationstafeln laden zur Vertiefung ein. Hier kommen sowohl Liebhaber*innen der Botanik wie auch all jene auf ihre Kosten, die den Garten als erholsamen Grünraum genießen wollen: Im Stile des englischen Landschaftsgartens finden wir locker gruppierte Gehölze, die gewundenen Pfade werden von Blumen und Stauden gesäumt. Mit den ersten warmen Sonnenstrahlen erscheinen unter den noch unbelaubten Bäumen verschiedene Frühlingsblüher. Wenig später verzaubert die reichhaltige Blüte der Obstbäume und diverser Ziersträucher. Das Farbenspiel des Herbstes ist aufgrund der vielen verschiedenen Gehölzarten besonders reizvoll: Die kräftigen Gelb- und Rottöne bilden einen satten Kontrast zu den feinen, blasslila Blüten der Herbstzeitlosen (→ S. 197) im Unterholz.

Uns fallen beim Durchstreifen immer wieder die markierten Unkrautecken auf. Im Botanischen Garten ist nicht nur Platz für die bewusst kultivierten Arten, sondern auch für Spontanvegetation – hohes Gras und blühende Kräuter erfreuen eine vielfältige Fauna, der hier ein Rückzugsort geboten wird.

Im südlichen Teil der Anlage finden wir eine reiche Sammlung an Laub- und Nadelhölzern, die zu großen Teilen auf das Ende des 19. Jahrhunderts zurückgeht. Im sogenannten Koniferetum wachsen nacktsamige Pflanzen – neben Föhren, Fichten und Tannen auch Mammutbäume. Palmfarne fühlen sich im dunklen Schatten der Nadelbäume wohl. Auch eine Gruppe Ginkgos (→ S. 121) treffen wir hier an. Sie haben zwar Laubblätter, die sich im Herbst verfärben und abfallen, in Bezug auf ihre Fortpflanzung ähneln sie jedoch den Nadelbäumen. Wie auch diese sind sie Nacktsamer, die ihre Bestäubung dem Wind überlassen.

Als eine der ersten Botanikerinnen Österreichs forschte die Wienerin Stephanie Herzfeld zur Blüte und Fortpflanzung nacktsamiger Arten. Sie unterrichtete bereits als Lehrerin, als sie im Alter von 39 Jahren 1907 als außerordentliche Hörerin an der Univer-

Damen-Tulpe *(Tulipa clusiana)*

sität Wien Naturwissenschaften zu studieren begann. Erst seit 1897 öffneten sich langsam die Tore der Universität Wien für Frauen. Noch vor ihrer Promotion wurde Herzfeld eine Stelle als Mitarbeiterin am botanischen Institut angeboten. Sie blieb der Forschung bis an ihr Lebensende treu.

Auf unserem weiteren Weg durch den Garten treffen wir auf einen imposanten, hochgewachsenen Bambushain. Wir bleiben einen Moment stehen und lauschen den raschelnden Blättern und dem meditativen Klacken der vom Wind bewegten, teils armdicken Halme des Süßgrases. Im Beet nördlich davon treffen wir von Mitte März bis Mai auf eine Fülle blühender Tulpen. Der Fokus in der wechselnden Bepflanzung liegt auf den Gartensorten, doch auch Wildtulpen können wir bestaunen. Weinberg-Tulpen erblühen frei in den umliegenden Wiesen, verschiedene Sorten der Damen-Tulpe finden wir in Beeten nahe des Jacquintors und des Haupteingangs.

Ogier Ghiselin de Busbecq, Diplomat Kaiser Ferdinands I., berichtete begeistert über die Blütenpracht im Osmanischen Reich: *„Auf unserem Weg wurden uns überall Blumen angeboten – Narzissen, Hyazinthen, auch solche, die die Türken Tulipam nennen. [...] Sie duften überhaupt nicht oder nur sehr schwach. Sie werden mehr um der Vielfalt und der Schönheit ihrer Farben willen geschätzt.“*[16] Dass Busbecq die gefeierte Blüte *Tulipam* nannte und nicht bei der tatsächlichen türkischen Bezeichnung *lale* blieb, geht wohl auf einen Übersetzungsfehler oder ein einfaches Missverständnis zurück. Vielleicht verglich der Dolmetscher die Farbenpracht der **Tulpe** *(Tulipa)* mit Form oder Farbe eines Turbans, *tulbend* auf Türkisch. Somit verlieh Busbecq der Tulpe in vielen europäischen Sprachen ihren Namen und half gleichsam bei ihrer Verbreitung als Zierpflanze, als er sie Mitte des 16. Jahrhunderts nach Wien brachte. Dort lernte Carolus Clusius die Tulpe kennen und förderte ihre Kul-

[16] Lundt, 2009.

tivierung. Und so ist auch die Damen-Tulpe *(Tulipa clusiana)* nach ihm benannt. Der Arzt und Jurist war in den 1570er-Jahren als Hofbotaniker in Wien tätig, das sich unter seiner Führung zu einem botanischen Zentrum Europas entwickelte. Doch als Protestant musste er mit Verschärfung der Religionskonflikte die Residenzstadt verlassen. Im Gepäck führte er Tulpenzwiebeln mit, die er später im neu gegründeten Botanischen Garten im niederländischen Leiden pflanzte und weiter züchterisch bearbeitete. Auch wenn die Tulpe vermutlich bereits vor ihm die Niederlande erreichte, so war er dort doch maßgeblich an ihrer Verbreitung und Popularisierung als Zierpflanze beteiligt. Er legte damit die Basis für die sogenannte „Tulpenmanie", die in der ersten Hälfte des 17. Jahrhunderts in den Niederlanden ausbrach: Die niederländische Gesellschaft gierte förmlich nach Tulpen. Züchter*innen versuchten sich mit immer neuen Sorten unterschiedlichster Formen, Farben und Musterungen zu übertrumpfen. Die Preise stiegen in schwindelerregende Höhen. Seltene Zwiebeln wurden in Gold aufgewogen, Häuser zum Tausch für besondere Exemplare angeboten und Schuldscheine für noch nicht existierende Sorten ausgestellt. Diese Art der Spekulation führte unweigerlich ins Unglück: 1637 brach der Tulpenmarkt jäh zusammen und löste den ersten Börsenkrach der Geschichte aus.

Die Gartentulpe erfreut sich bis heute anhaltender Beliebtheit als Schnitt- und Zierpflanze. Eine aktuelle Schätzung geht von 15.000 unterschiedlichen Sorten aus, die eine schier unermessliche Fülle an Formen und Farben aufweist. Rembrandt-Tulpen werden die historischen Sorten genannt, deren geflammte Musterung durch eine Viruserkrankung verursacht wird. Sie waren die Stars zur Zeit der Tulpenmanie. Für den Handel werden sie heute nicht mehr kultiviert.

Die ursprüngliche Heimat des Geophyten erstreckt sich von Zentralasien bis in den südöstlichen Mittelmeerraum. Von der durch menschliche Züchtung entstandenen Gartentulpe wird die Wildtulpe mit ihren rund hundert natürlich vorkommenden Arten unterschieden. Eine dieser Arten, die Weinberg-Tulpe *(Tulipa sylvestris)* lässt sich auch in Österreich finden. Unklar ist, ob es sich möglicherweise um eine verwilderte Kultur handelt.

Unmittelbar an der östlichen Begrenzung des Botanischen Gartens finden wir die älteste thematische Gruppe der Anlage: die Heil-, Nutz- und Giftpflanzen. Bei der Gründung des Gartens 1754 stand der medizinische und pharmazeutische Aspekt im Vordergrund. Auf Anraten des Leibarztes und Beraters Maria Theresias, Gerard van Swietens, wurde ein *Hortus medicus*, ein Heilpflanzengarten, angelegt. Wenige Jahre später der Universität Wien übergeben, sollte er der vertiefenden Ausbildung der Ärzte dienen. Die Botanik wurde lange als Hilfswissenschaft der Medizin betrachtet. Dementsprechend waren viele namhafte Botaniker der Neuzeit, die uns in der Wiener Geschichte begegnen, auch Ärzte. Mit zunehmendem Korpus und gesteigerter Komplexität des Wissens kam es zu einer Ausdifferenzierung in die verschiedenen Fachgebiete. Dabei ist das akribische Botanisieren nicht rein in einem universitären Kontext zu verorten. Auch das aufstrebende Bürgertum des 19. Jahrhunderts entdeckte die Pflanzen für sich – die eingehende Beschäftigung mit ihnen kam als Freizeitbeschäftigung in Mode. Man zog mit der Botanisiertrommel aus, um die Flora der Stadt und ihrer Umgebung zu erkunden, und legte Herbarien an. Vordergründig ging es um das Sammeln, doch einige wollten ihre Neufunde auch veröffentlicht sehen. Der Berufsbotaniker August Neilreich fasste 1846 das so angesammelte Wissen in seiner 700 Seiten umfassenden „Flora von Wien" zusammen.

Folgen wir nun der Mauer ein Stück nach Norden, haben wir vom Garten einen guten Blick auf das Eckhaus an der Jacquingasse 17. Die Fassade des braunen Nachkriegsbaus wird von einem Sgraffito des botanisierenden Nikolaus Joseph Jacquin geziert. Ursprünglich aus den Niederlanden, kam er als mittelloser Medizinstudent nach Wien, nachdem er den väterlichen Freund und Landsmann van Swieten um Hilfe gebeten hatte. Dieser unterstützte ihn bei seinem Studium und empfahl ihn dem Kaiser als Leiter einer Expedition in die Karibik und nach Süd- und Mittelamerika. Das primäre Ziel der Reise war, bislang unbekannte Pflanzen und exotische Tiere für den Schlossgarten Schönbrunn zu finden.

Mit Kolumbus war aus Perspektive der Europäer*innen eine neue Welt entdeckt worden. Der Botanik kam im kolonialen System, dessen Netz sich rasch um den ganzen Globus spannte, eine tragende Rolle zu: Die weißen Forscher*innen identifizierten Pflanzen als neu und reihten sie in scheinbar allgemeingültige Ordnungssysteme ein. Zudem kam den Kolonien die Rolle des Rohstofflieferanten zu. Um die wachsende Nachfrage des Nordens nach Zucker, Baumwolle, Kautschuk und Kakao zu befriedigen, wurde auf den Anbau von Monokulturen gesetzt – mit verheerender Wirkung für die Ökosysteme. Während die Artenvielfalt vor allem in tropischen und subtropischen Regionen schrumpfte, füllten sich parallel dazu die herrschaftlichen und botanischen Gärten Europas mit exotischen Pflanzenkostbarkeiten. Ein Ungleichgewicht, das sich im Erbe des kolonialen Wirtschaftssystems fortsetzt.

Für Jacquin erwies sich die Expedition als günstige Gelegenheit, zu Ruhm zu gelangen und sein Profil als Botaniker zu schärfen. Von einem Pflanzenliebhaber entwickelte er sich durch die Erforschung der tropischen Flora zum fachkundigen Experten. Und so wurde ihm mit seiner Berufung zum Professor für Chemie und Botanik an der Universität Wien auch die Leitung des Botanischen Gartens übertragen. Nach der Beschäftigung mit den amerikanischen Pflanzen widmete er sich später der Erforschung des alpinen Raums. Er erweiterte die Freilandsammlung und ließ die ersten Gewächshäuser anlegen. Im heutigen Garten erinnert sein Grabstein noch an ihn, der im Herzen des Koniferetums zu finden ist. Dieser wurde, ebenso wie der seines Sohnes und Nachfolgers, anlässlich Jacquins 250. Geburtstags 1977 vom aufgelassenen Friedhof in Matzleinsdorf in den Botanischen Garten gebracht.

Wenden wir uns von hier nach links, kommen wir an einem kleinen Wasserbecken vorbei, das im Schatten einer prachtvollen Platane liegt. Nun befinden wir uns in unmittelbarer Nähe des Haupteingangs, neben dem sich die Glas- und Gewächshäuser zahlreicher wärmeliebender Arten aneinanderreihen. Die in

Kübeln gepflanzten Sukkulenten, wie auch die Arten der Kalthausgruppe und der Kanaren, können wir im Sommer im Freien bestaunen. Schaukästen zeigen uns faszinierende Orchideen, Karnivoren und andere Exoten verschiedener Kontinente. Das überschaubare, aber dicht bepflanzte Tropenhaus ist für die Öffentlichkeit zugänglich.

Die tropische Flora hatte es Mona Lisa Steiner von jeher angetan. Schon als junges Mädchen besuchte sie die Botanischen Gärten der Stadt und das Palmenhaus in Schönbrunn, um Pflanzen zu betrachten. Das botanische Interesse teilte sie mit ihrem Vater. Wie für bürgerliche Familien zu Beginn des 20. Jahrhunderts üblich, unternahm man ausgedehnte botanische Wanderungen in die nähere Umgebung, aber auch Urlaube am Mittelmeer oder im Gebirge. 1934 inskribierte sie Botanik und Zoologie an der Universität Wien. Nach Chemie war es das zweitbeliebteste Studienfach, das Frauen in der ersten Hälfte des 20. Jahrhundert wählten. Dabei interessierte sich Steiner für Pflanzenphysiologie – zur damaligen Zeit ein innovatives, experimentelles Fach, mit dem sich die Universität Wien als fortschrittlich positionierte. 1938 lag ihre Doktorarbeit über krebserregende pflanzliche Substanzen bereits in Begutachtung, als sie vom nationalsozialistischen Regime als Tochter eines Juden vom Studium ausgeschlossen wurde. In einem autobiografischen Manuskript erinnert sie sich an diesen Tag: Unmittelbar nach ihrem Ausschluss ging sie in den Botanischen Garten. Dort erfuhr sie zufällig, wie man eine Bordkarte nach Japan beschaffen könne. Steiner griff den Gedanken der Emigration auf, wählt aber ein Land, von dem sie sich die Möglichkeit einer ergiebigen Forschungstätigkeit erhofft: *„Ich […] sah vor mir bereits den dampfenden Dschungel in den Wipfeln verschiedenste Orchideen und andere Exoten. Es stand fest ich wollte auf die Philippinen.“*[17] Schlussendlich verbrachte sie 23 Jahre auf dem Inselstaat, der ihr eine erfolgreiche Karriere ermöglichte: Sie forschte zur Tropenbotanik, zog einen kommerziellen Pflanzenhandel auf und leitete

[17] Kranz, 2016.

sogar eine Zeit lang den Botanischen Garten in Manila. Als sie nach ihrer Rückkehr nach Wien nicht mehr an ihre wissenschaftliche Tätigkeit anknüpfen konnte, entwickelte sie erfolgreich die *Wiener Schule des Ikebana*, die sich der japanischen Kunst des Blumenarrangements widmete.

Bevor wir nun den Botanischen Garten in Richtung Rennweg verlassen, passieren wir das Portiershäuschen, das Informationen zu Sonderausstellungen, Themenführungen und Pflanzentauschbörsen bietet. Am **Rennweg** begegnen wir zum Abschied einem Naturdenkmal. Vor dem Hof des Botanischen Instituts finden wir die stolz gealterte Mozart-Platane, an der bereits der berühmte Musikus und Komponist Ende des 18. Jahrhunderts oft vorbeiging, um im Haus Jacquins Klavierunterricht zu geben.

NATURDENKMÄLER

EINE RUNDWANDERUNG DURCH HIETZING

LÄNGE, DAUER UND CHARAKTERISTIK:
5 km, 2 bis 3 Stunden
Diese einfache Stadtwanderung ist das ganze Jahr über lohnenswert, denn selbst blattlos machen die im Fokus stehenden Naturdenkmäler Eindruck. Speziell um die Weihnachtszeit sorgen die festlich geschmückten Villengärten, an denen wir vorbeispazieren, für Atmosphäre.

Alexander von Humboldt bezeichnete auf einer seiner Entdeckungsreisen einen Mimosenbaum als *Naturdenkmal.* Gerade in der Stadt, wo durch die ständige Ausdehnung versiegelter Flächen alte Bäume als besondere Kostbarkeit angesehen werden, scheint es nur natürlich, dass der Begriff heute noch Anwendung findet. Er bezieht sich auf Naturgebilde, die durch ihre Eigenart, Seltenheit oder aufgrund ihres wissenschaftlichen, ökologischen oder kulturellen Wertes für ihre Umgebung prägend sind. Gekennzeichnet durch eine kleine Tafel, begegnen uns in Wien aktuell rund 420 Naturdenkmäler. Vorwiegend sind es Einzelbäume, manchmal aber auch ganze Baum- und Gehölzgruppen, Alleen oder Gewässer, Felsbildungen, erdgeschichtliche Erscheinungsformen sowie Standorte seltener Tier- und Pflanzenarten. Für diesen Spaziergang begeben wir uns in den grünsten Stadtteil Wiens, in das von dichten Alleen durchwobene Hietzing. Im Bezirksvergleich gibt es hier eine besonders hohe Dichte an Naturdenkmälern.

Der Bau des Schlosses Schönbrunn im 18. Jahrhundert beflügelte die Entwicklung des ursprünglich bäuerlich geprägten Hietzing hin zum Nobelort. In unmittelbarer Nähe der habsburgischen Sommerresidenz siedelten sich nun Adel und Beamtentum an,

Dieses Foto anonymen Ursprungs aus dem Bezirksmuseum Hietzing zeigt die noch jugendlichen Platanen im Jahre 1876. Damals noch Teil einer größeren Baumgruppe, prägten sie das Bild des Dorfplatzes

die wie das Kaiserhaus schöne Gärten schätzten. Auch die Wiener Bürger*innen zog es hierher zur stadtnahen Sommerfrische. Später wurden aus den prächtigen Villen permanente Wohnsitze – im Gegensatz zu den dicht verbauten Vorstädten in wohltuendes Grün eingebettet.

Am Platz, gleich vor der **Hietzinger Pfarrkirche**, treffen wir auf die ersten beiden Naturdenkmäler dieses Spaziergangs: zwei mächtige, rund 200 Jahre alte Morgenländische Platanen, die dem alten Bezirkszentrum eine fast dörfliche Anmutung verleihen.

Im Hof des Hauses **Altgasse 17** entdecken wir eine rund 25 Meter hohe Baumhasel mit auffälliger grauer, längsrissiger Borke. Als nahe Verwandte der heimischen, strauchig wachsenden Hasel ist die Baumart in Wien eher selten anzutreffen. Ihre gute Anpassung an trocken-heißes Klima macht sie jedoch als Stadtbaum zusehends beliebter. Im Herbst fallen die von einer vielfach geschlitzten, kurios aussehenden Hülle umgebenen Nüsse zu Boden. Sammeln lohnt sich laut einer Hausbewohnerin, deren Großvater schon in der Krone des Baumes herumgeklettert ist – sie verwendet die schmackhaften Kerne gerne zum Backen. Im ursprünglichen Herkunftsgebiet der Baumhasel, das sich vom östlichen Balkanraum bis nach Vorderasien erstreckt, wurde ihr leicht zu bearbeitendes Holz historisch vielfältig genutzt. In Wien spielte es in vergangenen Epochen als Möbelholz eine bedeutende Rolle und fand Eingang in Schnitzerei-, Drechsel- und Einlegearbeiten.

In der **Dommayergasse 6** treffen wir auf die nächsten Naturdenkmäler. Durch das Gartentor in der Jodlgasse eröffnet sich uns ein Blick in den pittoresken Villengarten samt mächtiger Platane und beeindruckend in Form geschnittener Eibe. Letztere ist eine Vertreterin der heimischen Europäischen Eibe. Bei vielen der heute vorwiegend in Heckenform ausgepflanzten Eiben handelt es sich um Hybriden oder nicht heimische Arten.

Die **Europäische Eibe** *(Taxus baccata)* wächst außerordentlich langsam. Sie kann nicht nur als Einzelindividuum ein stolzes Alter erreichen, sondern zählt auch entwicklungsgeschichtlich zu den ältesten heimischen Baumarten. Freistehend kann sie prächtige Solitärbäume bilden, ihr klassischer Lebensraum ist aber der Halbschatten in Laubholzwäldern.

In früheren Epochen dürfte es ausgedehnte Eibenwälder gegeben haben. Das schwere Holz ist hart, aber elastisch, weshalb es sich besonders gut zur Herstellung von Bogenwaffen eignet. Problematisch wurde dies für die Eibe, als im ausgehenden Mittelalter das englische Heer den Langbogen massenhaft einsetzte. Dadurch wurde der Export von Eibenholz auf die Britischen Inseln ein gutes Geschäft und führte zu massiven Schlägerungen auf dem Kontinent. In Gärten und auf Friedhöfen gut vertreten, ist die Eibe im Wald um Wien wahrscheinlich auch deshalb zu einer Rarität geworden.

Alle Teile der Pflanze enthalten hochwirksame Alkaloide, die für viele Warmblüter bereits in Kleinstmengen todbringend sind. Auch

Europäische Eibe
(Taxus baccata)

der leuchtend rote Samenmantel der weiblichen Pflanze enthält bereits geringe Mengen des Giftes. Selbst das Aerosol, das an warmen Sommertagen von der Pflanze abgegeben wird, ist leicht toxisch. Schwerer als Luft, sinkt dieses zu Boden und kann bei im Schatten von Eiben ruhenden Menschen Halluzinationen hervorrufen. Die Entwicklung der Eibengewächse hat in einem Erdzeitalter begonnen, in dem sich Pflanzen gegen gefräßige Saurier zur Wehr setzen mussten. Das erklärt die gewaltige Wirkung des Eibengiftes.

Im Laufe der Geschichte taucht die Eibe immer wieder in Zusammenhang mit Mord und Selbstmord auf. Aufgrund der Wirksamkeit zur Einleitung von Gebärmutterkontraktionen, wurde es von Frauen häufig dazu verwendet, Schwangerschaften gezielt zu beenden. Trotz des hohen Risikos, sich zu vergiften, wurden die gepulverten Eibenblätter in Wiener Apotheken gehandelt und gegen vielerlei Krankheiten eingesetzt – häufig bei jenen Leiden, für die es nach damaligem medizinischem Wissensstand ohnehin keine Rettung mehr gab, so etwa unter der Bezeichnung „Schwarzenbergisches Pulver“ zur Behandlung der Tollwut.

Trotz ihrer Giftigkeit sind und waren Eiben äußerst beliebte Formgehölze. Der heute tendenziell als unnatürlich angesehene Formschnitt war für den gartenaffinen Barockmenschen eine selbstverständliche Kulturpraxis. Ein schönes Beispiel dafür findet sich nicht weit von hier, im Schlosspark Schönbrunn, wo der nach historischem Vorbild rekonstruierte Eiben-Irrgarten Besucher*innen lockt.

Über die Auhofstraße stadtauswärts gelangen wir zum nächsten Naturdenkmal in der **Steckhovengasse 8**: einer Tränenkiefer von beachtlichem Ausmaß, die mit ihren rund dreißig Metern Höhe gut von der Straße aus sichtbar ist. Die zarten, langen Nadeln bewegen sich filigran im Wind – ein fein gezeichnetes, reizvolles Wechselspiel zwischen Licht und Schatten lädt ein, sich einer meditativen Betrachtung des Kronenbereichs zu überlassen.

Im Vorgarten des Hauses **Neue-Welt-Gasse 11** wartet eine doppelstämmige Stechpalme darauf, von uns entdeckt zu werden. Die weiblichen Exemplare dieses immergrünen Strauchs tragen leuchtend rote Beeren, die wie der Rest dieser uralten Kult- und

Tränenkiefer *(Pinus wallichiana)*

Zauberpflanze giftig sind. Namensgebend für die Neue-Welt-Gasse war übrigens ein legendäres Vergnügungsetablissement. In der zweiten Hälfte des 19. Jahrhunderts erwarb ein Kaffeesieder den ausgedehnten Herrschaftsbesitz, der sich einst hier befand, und wandelte diesen zu einer Attraktion um, die bald in aller Munde war. Neben dem vielfältigen künstlerischen Unterhaltungsangebot während des Sommers zog auch der herrliche, weitläufige Garten tausende Besucher*innen an. Ganz Wien sprach von den üppigen Teppichbeeten aus Tulpen und Hyazinthen sowie von den großzügigen Gewächshäusern mit Orangen und prächtig blühende Kamelien. Nachdem 1883 das Anwesen verkauft worden war, entstand hier in der Folge ein Cottageviertel – im Gegensatz zum Währinger Cottage (→ S. 126), bei dem zu Beginn noch ein sozialer Gedanke im Vordergrund stand, war dies eine rein gewinnorientierte Unternehmung.

Über die Elßlergasse machen wir uns nun auf in Richtung Lainzer Straße. In dieser ruhigen Ecke des Bezirks bedecken Moospolster die Zaunfundamente, Zimbelkraut sprießt aus den Pflasterritzen. In den Gärten wachsen im zeitigen Frühling Schneeglöckchen, Veilchen und leuchtend gelbe Primeln zwischen dem Falllaub des Vorjahres. Dank des Reichtums an Bäumen ist Vogelgezwitscher in einem Ausmaß zu hören, wie man es sonst nur von Ausflügen in ländliche Regionen kennt. Efeu ist hier sehr präsent, klettert an Zäunen und Mauerwerk hoch, überdacht da und dort kuppelartig Gartentore. Seine späte Blüte im Herbst, teilweise bis in den Winter hinein, macht ihn zu einer wertvollen Nahrungsquelle für Insekten. An der **Lainzer Straße 85** ist ein uraltes Exemplar, das den Gehsteig weit überschirmt, als Naturdenkmal ausgewiesen. Spannend am Efeu zu beobachten ist das botanische Phänomen des *Blattpolymorphismus*. Es bezeichnet die variierende Ausformung von Blättern an ein und derselben Pflanze. Abhängig von ihrer Lage unterscheiden sich diese erheblich voneinander. Die jugendlichen Blätter sind handförmig gelappt, die älteren weisen hingegen keine Lappen auf und sind eiförmig bis rhombisch.

Nun folgen wir dem Verlauf der **Lainzer Straße** stadteinwärts und passieren dabei teils botanisch interessante Villenvorgärten, die sowohl als Pufferzone zur Straße dienen, wie auch repräsentative Aufgaben erfüllen – besonders schön ist etwa jener des Hauses **Nummer 32** mit Rosen, einem früchtetragendem Granatapfelbaum und einer dem Balkongeländer entgegenrankenden Glyzinie.

Der **Lainzer Tiergarten** nimmt mit seinen 2500 Hektar Gesamtfläche knapp sechs Prozent des Wiener Stadtgebietes ein. Der Großteil seiner Fläche erstreckt sich über Hietzing.

Einst war der gesamte Westen der Stadt landesfürstliches Jagdgebiet. Die bäuerliche Bevölkerung litt unter den Flurschäden, die einerseits durch die hohen Wildbestände, andererseits durch die Jagdaktivitäten des Adels entstanden. Maria Theresia und Joseph II. fanden eine Lösung für das Problem, indem sie den Lainzer Tiergarten schufen und die Jagd auf dieses Gebiet beschränkten.

Heute wechseln sich hier bewaldete Zonen mit malerischen Obstgärten und naturnahen Wiesen ab. Entlang der Bachläufe wachsen Schwarzerlen und Eschen. Für eine Erkundung des als Naturdenkmal ausgewiesenen Urwalds am Johannser Kogel mit seinen knorrig verwachsenen, rund 400 Jahre alten Eichen, kann man sich beim Infozentrum des Lainzer Tiergartens zu einer Führung anmelden. Die uralten Bäume und das reichlich vorhandene Totholz in diesem sonst der Öffentlichkeit nicht zugänglichen Gebiet bieten ideale Bedingungen für Höhlenbrüter und selten gewordene Insektenarten.

Wir empfehlen als gesonderte Exkursion eine lohnenswerte, etwa drei Stunden lange Runde. Diese führt vom Nikolaitor über das Rasthaus Rohrhaus und die Wienblick Baderwiese oder alternativ, etwas zeitintensiver, an der Hermesvilla vorbei – eines der vielen kostspieligen Geschenke Franz Josephs an seine Frau Elisabeth. *„Hier willst du weilen / Unter hohem, schattigem Dach / Aus Buchenlaub und Platanen / Und Epheu tausendfach.“*[18] – so dichtete die Kai-

[18] Kaiserin Elisabeth, o.J.

serin. In ihrer Poesie drückte sie immer wieder ihre Liebe zur Natur aus, die als Spiegel eines Lebens in Freiheit und Einfachheit diente. Besonders das Meer hatte es ihr angetan, doch auch in den Bergen fühlte sie sich zuhause. Der Ort des Verweilens bezog sich jedoch nie auf Wien, denn der Hof und ihre Verpflichtungen als Kaiserin waren ihr verhasst, und so konnte sie auch die romantische Villa in der Abgeschiedenheit des Lainzer Tiergartens nicht zum Bleiben bewegen.

Bevor wir den Lainzer Tiergarten durch das St. Veiter oder Lainzer Tor wieder verlassen, können wir noch einen Blick auf die schützende, rund 24 Kilometer lange Mauer werfen, die ihn umgibt – ohne sie wären mittlerweile wohl große Teile des Tiergartens verbaut worden. Ihre Errichtung geht auf den Maurer Philipp Schlucker zurück, der im Auftrag Josephs II. einen Kostenvoranschlag für den Bau vorgelegt, sich dabei aber derart zu seinen Ungunsten verkalkuliert haben soll, dass er als *armer Schlucker* bekannt wurde und in den heimischen Sprachgebrauch einging.

Über die Gloriette- und die Wattmanngasse gelangen wir zum nächsten Naturdenkmal an der **Weidlichgasse 17**. Am hinteren Ende des langen Grundstücks, gleich neben der Mauer, gedeiht eine prächtige Stieleiche, in deren Zweigen sich ein Parasit niedergelassen hat. Die Riemenmistel ist ein Halbschmarotzer und befällt hauptsächlich Eichen. Sie trägt leuchtend gelbe Früchte, im Gegensatz zur weißbeerigen echten Mistel, mit der sie entfernt verwandt ist. Der ungewöhnliche säulenförmige Wuchs des Baumes ist durch eine Mutation bedingt, die eine senkrechte Stellung der Äste hervorruft. Nur ein sehr geringer Teil der natürlichen Nachkommenschaft dieser sogenannten Pyramideneiche würde wieder säulenförmig wachsen. In Baumschulen kann der genetische Defekt relativ einfach vegetativ weiter vermehrt werden. Auch bei anderen Baumarten wird der zierende Effekt geschätzt, weshalb man etwa des Öfteren auf Pyramidenpappeln trifft. Auch Wiens allererstes Naturdenkmal am Beethovengang im 19. Bezirk war eine gigantische Pappel mit pyramidenförmigem Wuchs.

Nach einem Unwetter 1984 musste sie gefällt werden. Es gibt noch eine Reihe anderer Mutationen bei Bäumen, deren Optik vom Menschen geschätzt wird, etwa die Rotfärbung der Laubblätter und Trauer- oder Schlitzblattspielarten mit stark eingeschnittenen oder geteilten Blattspreiten.

Wir gehen wieder ein Stück zurück und passieren einen schmalen, von Ziegelmauern gesäumten Durchgang, der uns zum nächsten Naturdenkmal führt: zwei einander ergänzende Baumzeilen, die bis nach vor zur Maxingstraße reichen. Hochaufragend und dickstämmig treten hier die mehr als hundert Jahre alten Stiel- und Traubeneichen auf. Bevor wir nun die Maxingstraße entlang stadteinwärts gehen, machen wir noch einen kurzen Abstecher in die **Gloriettegasse 1**: Durch den Gartenzaun kann eine stattliche, denkmalgeschützte Sommerlinde bestaunt werden. Bäume wie dieser zeigen, welchen bemerkenswerten Einfluss ihre An- oder Abwesenheit darauf hat, wie wir unsere Umgebung wahrnehmen und empfinden. Ihr Anblick ist wohltuend und heilsam.

Das Maxingtor bietet an Wochentagen ganztags und samstags bis zwölf Uhr die Möglichkeit, in den **Botanischen Garten Schönbrunn** zu gelangen. An Sonn- und Feiertagen kann man diesen alternativ durch das Hietzinger Tor erreichen. Die malerische Wegeführung erschließt die überschaubare, aber vielfältige Gehölzsammlung des Arboretums, das von der stachelbewehrten Gleditschie (→ S. 87) bis zur frostharten Bitterorange einiges zu bieten hat.

Ursprünglich diente der seit über 250 Jahren existierende Botanische Garten dem Anbau von Heilpflanzen. Wie jener am Rennweg geht er auf den Arzt und Reformer Gerard van Swieten (→ S. 107) zurück. Adrian van Stekhoven legte für Kaiser Franz I. Stephan einen Garten mit voneinander getrennten Nutzungsräumen an. So gab es jeweils einen Obst-, Gemüse- und Blumengarten. Um Pflanzen für diesen Botanischen Garten zu erhalten, entsandte der Kaiser Nikolaus von Jacquin (→ S. 107) auf eine Forschungsreise in die Karibik, nach Mittel- und Südamerika, von der viele Samen, getrocknete und lebenden Pflanzen nach Wien einlangten. 1783 brach eine weitere Expedition gegen Westen auf, die fünf

Ginkgo *(Ginkgo biloba)*

Jahre dauern sollte und von der viele winterharte Gehölze mitgebracht wurden. Kaiser Joseph II. ließ westlich des Tiergartens einen neuen Parkbereich als Arboretum ausgestalten. Auf dessen Fläche befindet sich, trotz einiger Veränderungen, heute noch eine große Anzahl an Gehölzen aus der Entstehungszeit der Anlage und zeugt von der botanischen Sammelleidenschaft des Kaiserhauses. Im nördlichen Bereich des Geländes, wo dieser Spaziergang endet, finden sich auch einige denkmalgeschützte Bäume – besonders schön ist der Japanische Schnurbaum gleich hinter dem Wüstenhaus.

Wer noch Zeit und Energiereserven hat, kann eine Erkundung des **Schönbrunner Schlossparks** andenken. Im oberen Teil erscheint der an Zerreichen reiche Baumbestand naturnah und bildet einen spannenden Kontrast zu den repräsentativen Baudenkmälern des Schlosses, der Gloriette und dem monumentalen Brunnen am Fuße des Schönbrunner Berges. Der untere Teil, eine formal-geometrische Anlage (→ S. 91), ist durch ein großes Parterre mit Broderiebeeten und geradlinigen Allen gekennzeichnet. Entsprechend der Mode im Rokoko öffnen sich dazwischen immer wieder intime Gartenräume. Die von Hecken gesäumten Wege folgen spielerisch geometrischen Formen und lockern die strenge Gesamtstruktur lustvoll auf. Ein Großteil der Gartengestaltung geht auf Maria Theresia und ihren Mann Franz Stephan von Lothringen zurück. Nach dem Tod Franz Stephans war die Hinwendung zum Garten für die Kaiserin eine Möglichkeit, ihre tiefe Trauer zu bewältigen und gleichzeitig das Andenken an ihren botanikaffinen Mann zu bewahren.

An der nordöstlichen Grenze des Areals wächst etwas versteckt zwischen Wagenburg und Bauhof der wohl älteste **Ginkgo** *(Ginkgo biloba)* Wiens: ein männliches Exemplar mit aufgepfropftem weiblichem Ast, das unter Joseph II. um 1781 gepflanzt wurde. Da die fleischigen Samenhüllen im Herbst einen sehr unangenehmen Geruch absondern, werden in Wien fast keine weiblichen Ginkgobäume mehr gesetzt. Mit seinen ungewöhnlich fächerförmigen Blättern mutet die Baumart exotisch an. Im Mittelalter der Erdgeschichte, im sogenannten Mesozoikum, gehörten Ginkgogewächse jedoch zur heimischen Baumvielfalt. Bedingt durch klimatische Veränderungen hat sich die Artenzusammensetzung im Laufe mehrerer Millionen Jahre immer wieder stark verändert. Untersuchungen von Blütenstaub, etwa aus Moorablagerungen, ermöglichen eine Rekonstruktion vergangener Floren. So gab es etwa auch subtropische Phasen auf Wiener Boden, in denen in immergrünen Laubwäldern Tee- und Lorbeergewächse, Palmen und Sumpfzypressen zu finden waren. In Europa starben die letzten natürlich vorkommenden Ginkgogewächse zu Beginn der Eiszeit aus. Weltweit überlebte eine einzige Art in Ostasien, die erst im 18. Jahrhundert mit Hilfe des Menschen wieder nach Europa gelangte.

BÜRGERLICHE GARTENLUST

VON GERSTHOF DURCH DAS COTTAGEVIERTEL ZUM WERTHEIMSTEINPARK

LÄNGE, DAUER UND CHARAKTERISTIK:
7 km, ca. 3 Stunden
Abwechslungsreicher Stadtspaziergang durch hügeliges Gelände auf befestigten Wegen mit Einkehrmöglichkeit im Türkenschanzpark

Mitte des 19. Jahrhunderts setzte in Wien ein starker Wandel ein: Die sogenannte Gründerzeit war geprägt vom sprunghaften Anstieg der Bevölkerung, Wirtschaftswachstum und großen Bau- und Infrastrukturprojekten. Das Bürgertum wurde zunehmend zur treibenden Kraft und suchte sich, entsprechend dem neuen Standesbewusstsein, qualitätsvollen Wohnraum. Dieser sollte einerseits ihrer Leidenschaft für Pflanzen und Gärten gerecht werden, andererseits auch ökosanitäre Aufgaben erfüllen. Neben Mietskasernen wurden für das wohlhabende Bürgertum Villen mit ausladenden Grünräumen gebaut. Durch privates Interesse initiiert und gefördert, entstand der Türkenschanzpark im englischen Landschaftsstil, der auch eine Zeit lang für Hausgärten *en vogue* war. Im Cottageviertel wurden derartig gestaltete Anlagen jedoch großteils von modernen Hausgärten abgelöst, die Funktionalität und die Einheit von Architektur und Grünraum in den Mittelpunkt rückten. In der Zwischenkriegszeit war bei ihrer Gestaltung eine Reihe von Gartenarchitekt*innen federführend. Sie machten blühende Stauden in all ihrer Vielfalt als Gestaltungselement salonfähig.

Wir beginnen unseren Spaziergang bei der **S-Bahn-Station Gersthof** und begeben uns die Gentzgasse hinab, deren Häuserzeile sich aus niedrigen, bunten Wohngebäuden des Biedermeier sowie mehrstöckigen Mietskasernen des 19. und ausgehenden 20. Jahrhunderts zusammensetzt – einmal üppig eklektisch dekoriert, dann wieder abstrakt oder floral im Sinne des Jugendstils. Wir passieren die Backsteinkirche des Bezirksteils Weinhaus – der Name ist ein Hinweis auf den hier ausgedehnten Weinbau vergangener Zeiten. (→ S. 11). Währing wurde Ende des 18. Jahrhunderts mit zunehmender Urbanisierung und wachsender Bevölkerung der Vorstädte als Luftkurort beliebt. Betuchte Bürger*innen richteten sich während des Sommers in schmucken Gartenhäusern ein. Handwerker*innen und Händler*innen hingegen begnügten sich mit sporadischen Ausflügen aufs Land und für die Unterschicht mussten in Zeiten eines noch stark eingeschränkten Bewegungsradius Spaziergänge im Prater und auf dem Glacis reichen. Erst mit dem Entstehen des Eisenbahnnetzes etablierten sich die Luftkurorte in Baden, am Semmering und im Salzkammergut. Bis heute als solche bekannt, atmen sie noch den Geist der Monarchie. Die ursprünglichen Sommerfrischeorte rund um Wien verwandelten sich dagegen sukzessive zu permanenten Wohnorten.

Die Türkenschanzstraße führt uns links hinauf direkt zum Eingang des **Sternwarteparks.** Wochentags ist dieser für Besucher*innen zugänglich, die Schließzeiten variieren allerdings je nach Einbruch der Dunkelheit. Eine Treppe führt uns durch die maßvoll gepflegte Grünanlage hinauf zur Sternwarte der Universität Wien. Im ehemaligen Landschaftsgarten, der nun eher einem Wald gleicht, begegnen uns Kastanien, verschiedene Ahorn- und Eichenarten. Efeu erklimmt Tor, Mauer und Gehölze.

Der Park wurde im Zuge des Observatoriumbaus in den 1870er-Jahren angelegt. Aufgrund der rasanten Ausdehnung der Stadt in Richtung Westen wollte man auch in Zukunft eine wissenschaftlich einwandfreie Beobachtung der Himmelskörper ermöglichen. So dient die Grünanlage bis heute dazu, sensible Messgeräte vor

Staub und Hitze des urbanen Umfelds zu schützen. Der Neubau des zoologischen Instituts im Sternwartepark hätte eine drastische Verkleinerung des Areals bedeutet. Anrainer*innen protestierten gegen die geplante Verbauung und sprachen sich für die Öffnung der Grünfläche aus. Als in den 1970er-Jahren das Umweltbewusstsein langsam erwachte und das Thema medial Wellen schlug, ließ der damalige Bürgermeister Felix Slavik eine Volksbefragung durchführen. Das Ergebnis ging knapp gegen den Neubau aus und führte zum Rücktritt des Bürgermeisters. Somit wurde zwar die Verbauung verhindert, der Park dennoch erst 2013 öffentlich zugänglich gemacht.

Auf der Hügelkuppe angekommen, sehen wir nun das eindrucksvolle Backsteingebäude des Instituts für Astronomie samt Sternwarte, die bei ihrer Eröffnung 1883 die größte Europas war. Im Spätsommer leuchten uns aus dem buschigen Grün der Umgebung die tiefroten Früchte des Dirndlstrauchs entgegen, von denen gerne genascht werden darf.

Die **Kornelkirsche** *(Cornus mas)* ist in Österreich unter dem Namen „Dirndl" bekannt. Der Name leitet sich von ihrem länglichen, kornähnlichen Kern ab. Zur Süßkirsche besteht keine nähere Verwandtschaft, zählt die Kornelkirsche doch zu den Hartriegelgewächsen. Nach den Eiszeiten wanderte sie aus der Gegend des Kaukasus und der Türkei nach Europa ein. Seit der Antike wird sie für ihr hartes Holz geschätzt. Bereits die alten Griechen stellten daraus Speere für Jagd und Krieg her. In Mitteleuropa ist ihr natürliches Vorkommen stark zurückgegangen, wobei der Donauraum hier eine der Ausnahmen darstellt. Daher finden wir sie auch in Wien häufig an Weg- und Waldrändern.

Im März und April blühen die goldgelben Dolden am blattlosen Strauch. Gegen Ende des Sommers färben sich die ersten der eiförmigen Früchte rot. Bis in den Oktober können reife Dirndl gepflückt werden. Ihr Geschmack ist anfangs säuerlich-herb, mit zunehmender Reife werden sie süßer. Gerne werden sie zu Marmelade, Sirup

Kornelkirsche *(Cornus mas)*

oder Likör weiterverarbeitet. Eine pikante Alternative ist das Einlegen der unreifen Früchte. Als „Olive des Nordens“ stellte sie traditionell einen schmackhaften Ersatz für die teure, delikate Ölfrucht aus dem Süden dar. Wer Lust hat, kann es anhand dieses einfachen Rezepts selbst probieren:

Die gelben bis hellroten, noch unreifen Kornelkirschen waschen, in ein Glas mit einigen Zentimetern Überstand geben und mit Wasser auffüllen. Dieses in einen Messbecher leeren und mit Salz im Verhältnis von 330 Gramm auf einen Liter Flüssigkeit vermengen. Das Wasser in einem Topf kurz aufkochen, abkühlen lassen und über die Kornelkirschen gießen. Mindestens zwei Wochen bleiben die Dirndloliven nun in der Salzlösung. Anschließend mit Öl marinieren und nach Belieben mit Kräutern aromatisieren.

Auf dem rechten Weg verlassen wir den Park und betreten auf der **Sternwartestraße** sogleich das **Cottageviertel.** Anstatt geschlossener Straßenfronten sehen wir einzelne Villen, gebaut für eine oder zwei Familien, die sich hinter den Vorgärten erheben. Hecken und Zäune schirmen die Anwesen ab, dennoch ermöglichen sie uns immer wieder, einen Blick auf die Grünoasen dahinter zu werfen. Auffällig sind die vielen großen Bäume um die Häuser herum. Im Gegensatz zur Währinger Straße ist hier auch der Straßenraum großzügig mit Alleen begrünt. Die Wertschätzung von Grün im privaten wie im öffentlichen Raum prägt dieses Viertel seit seiner Entstehung Ende des 19. Jahrhunderts.

Die *Cottage-Idee* kam ursprünglich aus England und verstand sich als soziale Bewegung. Das bürgerliche Einfamilienhaus im Grünen wurde zur idealen Wohnform erhoben. Es sollte dem Mittelstand mehr Lebensqualität und eine leistbare Alternative zu den überteuerten Mietskasernen bieten. Heinrich von Ferstel, ein prominenter Architekt der Ringstraße, war aktiver Verfechter dieser Idee. Auf seine Impulse hin wurde 1872 der Wiener Cottage Verein gegründet. Dieser kaufte Land unterhalb der Türkenschanze. Parzelliert wurde es an die Mitglieder, zunehmend aus betuchteren Milieus, weiterverkauft. In wenigen Jahren entstanden auf den ersten fünfzig Parzellen rustikal wirkende Landhäuser, reich dekorierte, kleine Paläste und verspielte Villen mit Türmchen und Erkern. Die Vereinsstatuten sahen von Beginn an die Anlage des Hauptgartens hinter dem Haus vor. So entstanden innerhalb der Häuserblocks große, zusammenhängende, qualitätsvolle Grünräume – sie sorgen bis heute für stets frische Luft und angenehme Kühle im Sommer.

Malerische Gehölzgruppen, verschlungene Wege, kleine Seen, Grotten und Ruinen – mit diesen Elementen wurde im verkleinerten Maßstab versucht, die großen englischen Landschaftsgärten (→ S. 168) zu imitieren. Diese Art der Gartengestaltung, mit der sich das Bürgertum an den historischen Vorbildern adeligen Besitzes orientierte, stieß um die Jahrhundertwende zunehmend auf Kritik. So bemerkte 1907 die Feuilletonistin Berta Zuckerkandl scharf: „*Wegführung, Veduten, Rasenplätze, Baumgruppen und Teiche, die nur auf ein großes Flächenausmaß berechnet waren, wurden in Raumverhältnisse gezwängt, die sie zur lächerlichen Karikatur verzerrten. Durch Neigung zum Großsprecherischen verlor man die innige Beziehung zum Angemessenen. Man baut Villen als Ritterburgen oder Rokokoschlösser und stellte diese Zwerggestaltungen in einen ‚englischen Naturpark' von zwei Quadratmeter Ausmass.*"[19]

Die Moderne brachte Veränderung in die Gartenkunst. Diese sollte eine Synthese mit der Architektur eingehen und erweiterten Wohnraum im Freien schaffen. Die modernen Wohngärten bedienten sich wieder geometrischer Grundformen – Trockensteinmauern, Terrassen mit klaren Kanten, in Form geschnittene Hecken und Spalierobst dienten der klaren Strukturierung des Gartens. Doch im Gegensatz zu den repräsentativen barocken Gärten (→ S. 91) stand – neben Funktionalität und Einfachheit – die Bequemlichkeit im Vordergrund. Gartenzimmer für gesellige Abende sollten ebenso vorhanden sein wie großzügige Rasenflächen für Sport. Das Zusammenspiel zwischen Gebäude und Garten wurde von Efeu, Kletterrosen und Jungfernreben an den Fassaden verdeutlicht.

Wir befinden uns in unmittelbarer Nähe von zwei dieser einstigen Grünanlagen der Moderne: Die Villa Schmutzer in der **Gregor-Mendel-Straße 21** wurde von Robert Oerley 1910 samt Garten fertiggestellt. In der **Sternwartestraße 57D** entwarf Albert Esch in der Zwischenkriegszeit für das Ehepaar Dos Santos den passenden Grünraum zum geometrisierten Villenbau. Trotz Neugestaltungen ist der ursprüngliche Charakter der Anlage noch erahnbar. Von den hohen Gehölzen, die den Garten einrahmen, sind einige noch aus Zeiten der Erstbepflanzung erhalten.

Von hier aus können wir nun nach Lust und Laune durch das Cottageviertel streifen, bis wir anschließend den **Türkenschanzpark** durch das Tor an der Ecke Gregor-Mendel-Straße und Hasenauerstraße betreten. Die verschlungenen Pfade führen uns

[19] Berger, 2016.

über das hügelige Terrain an Wasserläufen, Wiesen und schönen Baumgruppen vorbei. Die Wegeführung lässt den Park größer erscheinen und ermöglicht uns immer wieder neue, spannende Blickwinkel und Durchsichten.

Diese herrliche Grünanlage verdanken wir ebenfalls der Initiative Ferstels. Er regte an, in der Nähe des Cottageviertels einen Volkspark zu errichten. Dabei kritisierte er offen, wie wenig Wien im Vergleich zu anderen Städten für die Errichtung öffentlicher Grünflächen getan habe. Er sah die Stadt in der Pflicht, *„Vorsorge zu treffen, um der in ihrer Entwicklung nach dem Westen drängenden Stadt einen Ersatz für das zu bieten, was sie durch ihre Raumvergrößerung an licht- und luftfreiem Raume verlor"*.[20] An diesem Beispiel zeigt sich, dass bereits im 19. Jahrhundert die Forderungen nach grünen Freiräumen laut wurden. Die aufstrebenden Bürger*innen verlangten nach Frischluft, erfreuten sich an Bewegung im Freien und suchten in naturnahen Landschaftsräumen Erholung vom städtischen Alltag.

Von Beginn an als Volkspark geplant, wurde die Anlage 1888 für Besucher*innen geöffnet. An der Stelle einer Sand- und Schottergrube, die sich bis 1885 hier befunden hatte, wurde in verkleinertem Maßstab eine romantische Berglandschaft geschaffen. Kuppen und Täler, steile Almwiesen und Felspartien erinnern an den Semmering. Dunkle Nadelhölzer verstärken das alpine Flair. Dabei musste das abschüssige Terrain der einstigen Bergbaustätte erst mit mehreren Erd- und Humusschichten modelliert und präpariert werden. Von einem Wasserfall ausgehend, fließt ein Bach über mehrere Becken, ehe er sich an der tiefsten Stelle des Parks in einem Kurteich sammelt. So wurde Sommerfrische in der Großstadt inszeniert.

Ein kleines Detail am Rande: Die Stadtbahn tritt im Park für ein kurzes Stück aus der Einwölbung hervor und weist somit eine Parallele zur Semmeringbahn auf. Als Wunder der Technik und als Symbol des Fortschritts rief die Bahn bei den Wiener*innen um 1900 Begeisterung hervor. Schaulustige konnten im Türken-

[20] Hlavac, 2021.

Auf der Ansichtskarte von Paul Ledermann aus 1915 präsentiert sich der Türkenschanzpark mit Stadtbahn als kleiner Semmering; Wien Museum

schanzpark regelmäßig dem dampfenden und ratternden, damals noch als Sensation angesehenen Spektakel beiwohnen.

Der Park beeindruckt zudem mit einer großen Vielfalt an heimischen und exotischen Nadel- und Laubbäumen: 400 unterschiedliche Gehölzarten lassen sich hier finden. Besonders schöne, eindrucksvolle Exemplare sind mit Tafeln beschriftet.

Am höchsten Punkt der Anlage befindet sich die **Paulinenwarte.** Der geziegelte Bau diente ursprünglich der Bewässerung des Parks, heute ist er nur während einiger Tage im Jahr zugänglich. Benannt ist er nach Pauline Metternich, der Enkelin des gleichnamigen Staatskanzlers. Intelligent, leutselig und redegewandt, erfüllte sie eine repräsentative Rolle am Hof, die eigentlich der häufig abwesenden Kaiserin Elisabeth zugekommen wäre. So ging der Blumencorso im Prater auf sie zurück: Bei diesem Spektakel im Mai fuhr unter den Blicken tausender Schaulustiger die High Society der Stadt in üppig mit Blumen geschmückten Kutschen die Prater-Hauptallee entlang. Auch als Wohltäterin war Pauline Metternich bekannt. Für die Errichtung des Türkenschanzparks spendete sie zahlreiche exotische Gehölze aus ihrer Baumschule in Böhmen. Pauline Metternich unterstützte nicht als Einzige die Errichtung des Türkenschanzparks durch Spenden. Neben dem österreichischen Adel bedachten auch herrschaftliche Baumschulen aus dem Ausland die Anlage: Besondere Arten kamen unter anderem aus Berlin, Sanssouci in Potsdam und Frankfurt am Main. Generell herrschte in der Bevölkerung ein reges Interesse an der Errichtung dieses Volksparks. Viele der Spenden kamen direkt von Mitgliedern des Cottage Vereins. Man möchte beinahe von Crowdfunding sprechen, hätte es diesen Begriff damals schon gegeben. Doch trotz aller Bemühungen konnte der Parkverein schlussendlich nicht die nötigen Mittel aufbringen, um alle benötigten Grundstücke zu kaufen. Zwei Mitglieder sprangen mit einem Darlehen ein, und so konnte 1885 der Wiener Stadtgartendirektor Gustav Sennholz mit der Gestaltung beauftragt werden. Die finanziellen Schwierigkeiten blieben jedoch, so dass der Türkenschanzpark 1898 schlussendlich doch noch von der Stadt Wien übernommen und in der Folge nochmals erweitert wurde.

Gleich in unmittelbarer Nähe der Paulinenwarte entdecken wir mit Blick nach Norden den rotbraunen Stamm eines noch relativ kleingewachsenen Riesenmammutbaums. Die charakteristische Färbung der feuerfesten Borke gibt ihm seinen englischen Namen: *Redwood*. In seinem natürlichen Verbreitungsgebiet an den trockenen Westhängen Kaliforniens erreicht er gigantische Ausmaße – bis zu 95 Meter Höhe und 34 Meter Stammumfang an der Basis. Auch in Bezug auf das Alter ist die Baumart ein Rekordbrecher: Mit 2500 Jahren ist der *General Sherman Tree* im Sequoia-Nationalpark eines der ältesten Individuen der Erde. Als der Baum ein Sämling war, befand sich die neu gegründete Römische Republik gerade erst im Aufstieg. Prähistorische Funde zeigen, dass die Gattung, zu der der Riesenmammutbaum zählt, vor den Eiszeiten ursprünglich auch in Europa heimisch war. Heute begegnen uns innerhalb Wiens neben dem Exemplar im Türkenschanzpark noch weitere, etwa in Hietzing und Hernals oder auch gleich in unmittelbarer Nähe, im Garten der Universität für Bodenkultur.

Wenn wir nun am Fuße des Hügels, auf dem die Paulinenwarte steht, dem Weg nach Westen folgen, begegnet uns nach wenigen Metern eine weitere amerikanische Neubürgerin. Die noch kleine Araukarie ist eine der Neuzugänge im Park und bezeugt, dass sich die Bepflanzung immer wieder verändert. Sie wurde 1988 hier gepflanzt. Mit ihren waagerecht abstehenden, geschwungenen Ästen scheint sie in einer bizarren Tanzpose zu verharren.

Ein paar ihm unbekannte, sonderbare Nüsse weckten das Interesse des schottischen Arztes und Botanikers Archibald Menzies. Beim Empfang des chilenischen Gouverneurs in Valparaiso wurden ihm Samen der **Araukarie** *(Araucaria araucana)* als Dessert serviert. Ein paar davon ließ er in seine Tasche gleiten, um sie später am Schiff des englischen Weltumseglers George Vancouver einzupflanzen. Menzies war Teil einer Expedition, die Ende des 18. Jahrhunderts die Pazifikküste des amerikanischen Kontinents erkunden sollte. Zurück in England, ging er 1895 mit fünf gesunden Pflänzchen der Araukarie von Bord. Sie wurden in den Royal Botanic Gardens in Kew eingesetzt und erfreuten sich im Laufe des 19. Jahrhunderts in den Gärten der Britischen Insel zunehmender Beliebtheit. Unter ihren vielen Trivialnamen ist die *Andentanne* in England auch als „Monkey Puzzle Tree" bekannt – selbst ein Affe stünde beim Versuch, den Baum mit den scharfkantigen Blättern zu erklimmen, vor einer kaum lösbaren Aufgabe. Dem Urheber dieses Bonmots war anscheinend nicht klar, dass die Araukarie ihr natürliches Habitat nicht mit Affen teilt.

Die Araukarie zählt zu den Nadelbäumen. Charakteristisch sind die dicken, glänzenden, schuppenartigen Blätter. Ähnlich wie der Riesenmammutbaum besitzt sie eine feuerfeste Rinde. Aufgrund ihrer weit zurückreichenden Genese wird sie immer wieder als lebendes Fossil oder prähistorisches Relikt bezeichnet. Einst bevölkerte sie den Kontinent Gondwanaland, aus dem sich vor 320 Millionen Jahren Australien, die Antarktis und Südamerika entwickelten.

Heute ist die Araukarie im Süden Zentralchiles beheimatet. Kleine Populationen lassen sich auch an den östlichen Hängen der An-

Araukarie
(Araucaria araucana)

denkordillere in Argentinien finden. Tausendjährige Wälder gedeihen dort auf vulkanischem Boden in einer Höhe von 900 bis 1800 Meter über dem Meeresspiegel. Die langlebigen Giganten werden vom Volk der Mapuche als heilige Bäume verehrt. Ihre Samen werden roh oder geröstet verzehrt. Reich an Eiweiß und Stärke, stellen sie eine wichtige traditionelle Nahrungsquelle dar. Aufgrund des hohen, geraden Stammes wurde die Araukarie lange forstwirtschaftlich genutzt, was zu einer starken Dezimierung der Bestände führte. Mittlerweile steht die gefährdete Art unter Naturschutz.

Vor Verlassen des Parks durch das Tor an der Peter-Jordan-Straße passieren wir den **Türkischen Brunnen.** Er wird von orientalischen Ornamenten und Textpassagen aus dem Werk des türkischen Volksdichters und Mystikers Yunus Emre geziert. Bei der Betrachtung des Brunnens stellen wir uns die Frage nach dem Namen des Parks. Die *Türkenschanze* war eine Verteidigungsanlage, die hier das türkische Heer bereits während der Ersten Osmanischen Belagerung Wiens 1529 errichtete. Der Brunnen ist allerdings viel jünger: 1991, anlässlich des 750. Geburtstags des genannten Dichters, schenkte die Türkei der Stadt Wien das Kunstwerk. An einem

Ort einstiger kriegerischer Auseinandersetzung setzt der Brunnen heute ein Zeichen des Friedens und der Freundschaft.

An der nördlichen Seite des Türkenschanzparks befinden wir uns bereits neben dem Gelände der **Universität für Bodenkultur.** Sie wurde 1872 gegründet und war zuerst im Palais Schönborn angesiedelt. Als das Vorstadtpalais im achten Bezirk zu klein wurde, beschloss man den Neubau im Westen der Stadt. Bei der Standortwahl spielte neben niedrigen Grundstückspreisen auch die Nähe zum Park eine wichtige Rolle. Durch den qualitätsvollen Baumbestand wurde er alsbald in den Unterricht eingebaut. Zu Beginn konnten die Studierenden nur zwischen dem Studium der Land- und der Forstwirtschaft wählen. Im Laufe des letzten Jahrhunderts kamen zahlreiche neue Forschungsfelder hinzu und das Repertoire an Studiengängen wurde kontinuierlich erweitert.

Wochentags können wir den Weg über das Universitätsgelände durch den Hof des Gregor-Mendel-Hauses zum **Linnéplatz** nehmen. Zum Zeitpunkt unserer Recherche nahm der Garten auf dem Gelände gerade eine neue Form an: Rabatte, Hochbeete und gepflasterte Wege wurden angelegt. In Zukunft wird hier eine große Vielfalt an Gemüse- und Obstarten, Kräutern sowie dekorativen Pflanzen zu sehen sein. Im Bereich des Arboretums lässt sich gut eine kleine Rast einlegen, ebenso im Hof, wo eine Linde großzügig Schatten spendet und verschiedene Kletterpflanzen stimmungsvoll am Gebäude hochwachsen.

Rund um die Universität setzt sich das Cottageviertel nun in Döbling, dem 19. Bezirk, fort. Wir flanieren an prachtvollen Villen die begrünte **Peter-Jordan-Straße** bergab. Zahlreiche Botschaften haben sich hier einquartiert. Ab und zu erhaschen wir durch die Zäune und Hecken abermals einen Blick in die Hausgärten. Das folgende Stück bis zur Billrothstraße lässt sich auch mit dem Bus 10A zurücklegen – von der Station Blaasstraße aus sind es zwei Stationen.

Die **Gatterburggasse** stellt mit dem Amtshaus das Herz des Grätzels dar. Hier erstreckte sich bis weit ins 19. Jahrhundert der weitläufige Garten rund um das Anwesen der Gräfin Therese Gatterburg, an die ein Denkmal unter dem ahorngesäumten Plätzchen erinnert. Wie so viele herrschaftliche Grünanlagen in den Vororten wurde diese später verbaut.

Auf der **Döblinger Hauptstraße** angekommen, richten wir unsere Aufmerksamkeit auf das Haus **Nummer 60.** Darin und im angrenzenden Garten betrieb Paula Fürth ab Mitte der 1920er-Jahre ihre Gärtnerei und die Döblinger Gartenbauschule. Fürth war promovierte Botanikerin – eine der ersten Frauen, die an der Universität Wien zum ordentlichen Studium zugelassen wurden. Durch ihre Familie war sie freundschaftlich mit der gleichaltrigen Anna Freud, Tochter des berühmten Psychoanalytikers, verbunden. Mehrmals fuhren die beiden Familien gemeinsam auf Urlaub und erkundeten botanisierend die Gegend rund um Lavarone im Trentino. Es war ihr Elternhaus, in dem Fürth ihre Schülerinnen in theoretischen wie praktischen Fächern des Gartenbaus und der Gartenarchitektur unterrichtete. Die Schülerinnen erwarben nicht nur die Fähigkeit, Pflanzen zu ziehen, sondern auch Kenntnisse darin, Gärten selbstständig zu planen. Anfang des 20. Jahrhunderts war die Trennung zwischen Landschaftsplanung und Gartenbau noch nicht vollzogen. Die deutsche Gartenbaulehrerin Luise Niemer riet zudem Frauen ausdrücklich zu einer betrieblichen Kombination beider Bereiche, um sich in diesem männerdominierten Berufsfeld etablieren zu können. Fürth hatte gute Verbindungen zu den Künstler*innen des Werkbunds und anderen Gruppierungen, die sich der Moderne verschrieben hatten. In ihrer Gartenkunst vertrat auch sie die Prinzipien der Zweckmäßigkeit, Einfachheit und Wohnlichkeit, so zum Beispiel im formalen, großen Hausgarten, den sie für die Familie Langer im Döblinger Cottage gestaltete.

Folgen wir nun der **Döblinger Hauptstraße** ein paar hundert Meter stadtauswärts, passieren wir die nächste Gartenbauschule, dic hier in der Zwischenkriegszeit existierte. Im Eckhaus **Nummer 85** lebte und arbeite Grete Salzer. Wie Fürth hatte sie ihr eigenes Planungsbüro mit angeschlossener Gärtnerei auf dem Grundstück ihrer Familie eingerichtet. Zudem leitete sie das *Hortensium*, eine

Schule, in der Mädchen wie auch Knaben eine Gartenbaulehre absolvieren konnten. Stauden- und Schnittblumen, Schädlingskunde und Bodenbearbeitung standen ebenso auf dem Lehrplan wie Tischlern, Glasern und Mattenflechten. Die Schüler*innen wurden in alle Belange der Gartengestaltung und Pflanzenzucht eingeführt, um ihnen so eine weiterführende Ausbildung oder eine Anstellung als Gehilf*in zu ermöglichen. Salzer selbst war bereits Ende dreißig, als sie sich in Yella Hertzkas *Höhere Gartenbauschule für Frauen* einschrieb. 1913 eröffnete Hertzka die erste Schule dieser Art in Österreich. Sie befand sich in der von Josef Hoffmann gestalteten Kaasgrabenkolonie in Grinzing und war somit in ein Netzwerk progressiver Intellektueller, Künstler*innen und Unternehmer*innen eingebunden. Hertzka und ihre Schule waren Dreh- und Angelpunkt der Gartengestalterinnen Wiens. Bis 1927 wurden hier rund 180 Schülerinnen ausgebildet. Wie Hertzka, Fürth und Salzer waren viele von ihnen Jüdinnen. Das lässt sich darauf zurückführen, dass im jüdisch-liberalen Bürgertum die Ausbildung der Töchter einen hohen Stellenwert genoss. Für einige dieser junge Frauen spielten auch zionistische Motive eine Rolle: Um dem jüdischen Siedlungsprojekt in Palästina zum Erfolg zu verhelfen und selbst tatkräftig anpacken zu können, erwarben sie vor der Ausreise eine Ausbildung im Gartenbau.

Generell war der Gärtnerberuf bei Frauen in der Zwischenkriegszeit sehr populär. Yella Hertzka, die eine führende Rolle in der bürgerlichen Frauenbewegung Europas spielte, mutmaßte 1926 im Blatt *Die moderne Frau* über das steigende Interesse am Gartenbau: *„Daß die Berufe im Sekretariat und Bankwesen überfüllt sind und daher keine Aussicht bieten. Eines hat der Gärtnerinnenberuf immer schon für sich gehabt – die leichte Möglichkeit, sich selbst etablieren zu können und dabei den Beruf als Frau und Mutter nicht vernachlässigen zu müssen.“*[21] Zudem schien das praktische Arbeiten mit Pflanzen in Kombination mit dem kreativen Gestalten in der Gar-

[21] Krippner, 2015.

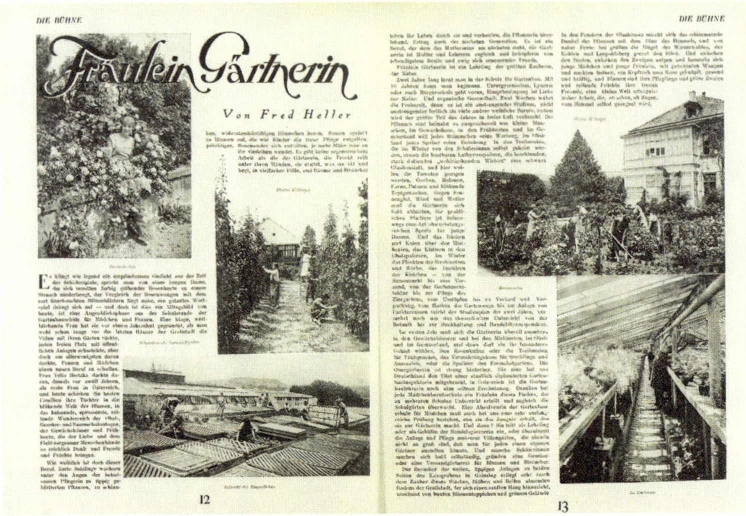

DIE BÜHNE

Fräulein Gärtnerin

Von Fred Heller

12

DIE BÜHNE

13

Eine zeitgenössische Reportage berichtet über die Ausbildung in Yella Hertzkas Höherer Gartenbauschule für Frauen und zeigt die Schülerinnen bei der Arbeit; Die Bühne, 1926

tenplanung besonders gut den gesellschaftlich zugeschriebenen Wesenszügen der Frau zu entsprechen. Ihnen wurde eine spezielle Naturverbundenheit unterstellt. Bürgerliche Frauen versprachen sich somit einen Beruf, der nicht bei bestehenden Geschlechternormen aneckte.

Die Gestaltung von Privatgärten bürgerlicher Auftraggeber*innen war in der Zwischenkriegszeit zum wichtigsten Aufgabenbereich der Gartenarchitekt*innen geworden. Da es sich nicht viele Familien leisten konnten, Gärtner*innen permanent anzustellen, mussten die Anlagen so ausgeführt sein, dass sie einfach zu pflegen waren. Um den Ansprüchen der modernen Wohngärten gerecht zu werden, griffen Gestalter*innen gerne auf mehrjährige Stauden zurück. Margeriten erfreuten mit ihrem schlichten Weiß, die gelb bis roten Blütenkörbe der Sonnenbraut setzten feurige Akzente. Beliebt war auch der Rittersporn, dessen Kerzen mit den kelchförmigen Blüten in allen möglichen Farben dekorativ in die Höhe wuchsen. Auch Sträucher wie Hortensien sorgten für reiche Blütenpracht und üppiges Grün. Diese Art der Gartengestaltung stellte in Österreich Anfang des 20. Jahrhunderts eine Neuheit dar. Albert Esch lernte bei einem Besuch in England die Gärten der Gertrude Jekyll kennen und schätzen. In ihren maßvoll gepflegten Anlagen griff sie gerne auf heimische Stauden zurück – eine Idee, die Esch nun auch nach Österreich importierte. Die prominentesten Staudengärtnereien wurden allerdings in der Folge von jüdischen Gartenarchitektinnen, darunter Helene Wolf und Hanny Strauss, betrieben. Als Pionierinnen der Staudenzucht und -verwendung bereiteten sie den Weg für den Einsatz von Stauden in der öffentlichen Beetgestaltung. Pflegeextensive Mischpflanzungen mit Stauden als wesentlichem Element begegnen uns seit einigen Jahren vermehrt in der Stadt (→ Seite 85).

Die **Hortensie** *(Hydrangea)* ist eine Pflanzengattung, die um die achtzig Arten zählt. Ursprünglich vor allem in Ostasien beheimatet, werden einige der Arten gerne als Ziersträucher oder Kletterpflanzen in Gärten eingesetzt. Ihr botanischer Name lässt sich aus dem Griechischen mit *Wasserkanne* übersetzen – eine eindeutige Referenz an den hohen Wasserbedarf zahlreicher Arten. Um die Herkunft des Trivialnamens ranken sich Legenden, denn Hortense ist ein französischer Frauenname. Die Bezeichnung geht auf den französischen Botaniker Philibert Commerson zurück, der sich Ende des 18. Jahrhunderts auf Weltumsegelung befand. An welche Dame könnte Commerson gedacht haben, als er der Pflanze diesen Namen gab – an eine Geliebte, eine befreundete Astronomin oder die Tochter eines Fürsten? Wahrscheinlicher ist, dass er „Hortensie" einfach von *Hortus,* Lateinisch für Garten, ableitete.

Die Hortensie bildet zwei Blütentypen aus: einerseits kleine, unauffällige, aber fruchtbare Blüten, andererseits sterile Schauvarianten mit großen Kelchblättern. Je nach Art und Züchtung weisen die Blütenstände einmal mehr, einmal weniger Blüten des fruchtbaren Typs auf. Im Garten sind besonders die ballförmigen, doldigen Blütenstände mit vielen dekorativen Schaublüten sehr beliebt. Weiß,

Hortensie *(Hydrangea)*

Rosa, Grün – Hortensien blühen in verschiedensten Farben. Spektakulär sind die blauen oder violetten Varietäten: Die intensive Farbenpracht wird durch einen sauren Boden oder durch kalialaunhaltiges Gießwasser hervorgerufen.

1938 bedeutete nicht nur für die Entwicklung der Gartenarchitektur eine Zäsur, sondern auch für das Leben vieler Gartenarchitektinnen. Als Jüdinnen flüchteten sie unmittelbar nach dem „Anschluss" Österreichs an das nationalsozialistische Deutschland aus Wien. Im Exil konnten einige den Beruf als Gärtnerin wieder aufnehmen.

Schräg gegenüber der Hofzeile betreten wir auf der rechten Seite der Döblinger Hauptstraße das ehemalige Anwesen der Familie Wertheimstein. Der schmale Weg führt uns zur glyzinienberankten Villa, in der heute das Bezirksmuseum Döbling untergebracht ist, und dann weiter in den **Wertheimsteinpark**. Gleich am Beginn des langgezogenen Areals erinnert ein Gedenkstein an die letzte Besitzerin, Franziska von Wertheimstein. Kinderlos vermachte sie der Gemeinde Wien die Anlage samt Garten – unter der Bedingung, sie der Öffentlichkeit zugänglich zu machen.

Wie ihre Mutter Josephine war Franziska eine der einflussreichsten jüdischen Salonièren des 19. Jahrhunderts. Bei ihr verkehrte die gehobene Wiener Gesellschaft – sowohl Wissenschaftler*innen wie auch Künstler*innen. Schriftsteller*innen, darunter Hugo von Hofmannsthal und Eduard von Bauernfeld, waren regelmäßige Hausgäste.

Josephine Winter, eine Verwandte der Familie, lässt vor ihrem geistigen Auge den schier endlosen Garten in Erinnerungen wieder auferstehen. *„Auf seinen sonnigen Wiesenflächen, wo im Sommer das Gras hoch schießen durfte, und unter den prachtvollen alten, im Mai über und über mit Blütenkerzen bedeckten Kastanienbäumen, wurden die Kinder nicht müde, ihre Phantasiespiele und Theaterstücke aufzuführen. Auch das hochgewölbte, als Gemeinschaftsraum gedachte Glashaus mit auf Marmorstufen erhöhten Sitzplätzen um* *den Springbrunnen, voll herrlicher Palmen, Kamelien, Azaleen und anderen exotischen Gewächsen, bot einen besonderen Reiz.*"[22]

In mehreren Glashäusern wurden heimische und exotische Blumen für den reichen Blumenschmuck inner- und außerhalb des Hauses gezogen. Es ist ein Leichtes, uns vorzustellen, wie Hofmannsthal durch den malerischen Garten der Wertheimsteins wandelte und sich zu dem ein oder anderen Gedicht inspirieren ließ.

Blütenreife

Die Blüten schlafen am Baume
In schwüler, flüsternder Nacht,
Sie trinken in duftigem Traume
Die flimmernde, feuchte Pracht.
Sie trinken den lauen Regen,
Den glitzernden Mondenschein,
Sie zittern dem Licht entgegen,
Sie saugen es taumelnd ein:
Sie sprengen die schweigende Hülle
Und gleiten berauscht durch die Luft
Und sterben an der Fülle
Von Glut und Glanz und Duft.

Das war die Nacht der Träume,
Der Liebe schwül gärende Nacht,
Da sind mit den Knospen der Bäume
Auch meine Lieder erwacht.
Sie sprengten die schweigende Hülle
Und glitten berauscht durch die Luft
Und starben an der Fülle
Von Glut und Glanz und Duft.

Hugo von Hofmannsthal[23]

[22] Hlavac, 2021.

[23] Hofmannsthal, 1979.

Der Park wurde nach seiner Öffnung 1908 immer wieder umgestaltet und erweitert. In der Nachkriegszeit entstand innerhalb der Grünanlage ein sogenannter *Blindengarten* – eine Sensation am europäischen Kontinent. Solche Gärten gab es bisher nur in Südafrika und in mehreren britischen Städten. Hierfür wurde der Park mit einem Leitsystem, Braille-Beschriftung und einer reliefartigen Karte am Eingang versehen. Blinde Menschen sollten sich im Garten ohne fremde Hilfe zurechtfinden und die Welt der Pflanzen mittels Tasten und Riechen erfahren können. *„Gärtnerischer Höhepunkt der Anlage waren sieben erhöhte Blumenbeete, die Küchenkräuter, Heil- und Duftpflanzen, Sommerblumen, Rosen, Kleinkoniferen sowie Zwiebelpflanzen und Blütenstauden aufwiesen."*[24] Von diesem Sondergarten ist heute nichts mehr erhalten geblieben. Er verlor an Bedeutung, als das Blindeninstitut in den Prater umzog und die Blindenschule in der Nähe aufgelöst wurde. Dies ging zudem mit einem langsamen Mentalitätswandel einher: Menschen mit Beeinträchtigung sollen nicht mehr nur eigens für ihre Bedürfnisse gestaltete öffentliche Räume nutzen können, Freiflächen und Grünanlagen sollten stattdessen generell barrierefrei und somit inklusiver werden.

Ein steiler Weg neben der Villa führt uns in den tiefer gelegenen Teil des Gartens, wo wir ein Stück einem idyllischen, üppig bewachsenen Bachlauf folgen. Die Sonne wirft hier sanfte Lichtflecken durch das dichte Blätterdach und lässt uns für einen Moment in einem Märchenwald wähnen. Bevor wir den Park an der Heiligenstädter Straße verlassen, genießen wir noch eine Weile die Ruhe dieser beschaulichen Grünfläche und lassen die gesehenen Gärten, ihre Besitzer*innen und Besucher*innen vergangener Tage in Gedanken Revue passieren.

[24] Hlavac, 2019.

Ein lohnenswerter Abstecher in dieser Ecke der Stadt ist der **Setagayapark**, der wohl schönste japanische Garten Wiens. Wenige Schritte von einer stark befahrenen Kreuzung entfernt, eröffnet sich uns am Fuße der Hohen Warte eine besondere Grünoase. Mit seinen variantenreichen Stauden und exotische Gehölzen bietet sie den Besucher*innen das ganze Jahr über etwas: Im Frühjahr verzaubern Kirschen und Magnolien mit prachtvoller rosa Blüte, im Herbst verschiedenste Zierahornarten mit mannigfaltig gefärbten und geformten Laubblättern. Im Schatten wachsen Farne und Funkien (→ S. 101). Lilien, Pfingstrosen und Hortensien setzen bunte Akzente. Dunkle, immergrüne Kiefern werfen ihren Schatten auf ein Teehaus am Wasser. Sie stehen für das ewige Leben und sind eines von vielen Symbolen der japanischen Gartenkultur.

Die Gartengestaltung orientiert sich am Shintoismus, eine der vorherrschenden Religionen Japans. *Shinto* bedeutet dabei „Weg der Götter", der durch Naturgegebenheiten verkörpert wird: Flüsse, Berge, Felsen und Bäume. Diese Elemente sind auch im Park vertreten. Wenn wir dem Weg bergauf folgen, gelangen wir zur Quelle am höchsten Punkt. Als Bach teilt sie sich in zwei Läufe, um dann im unteren Bereich in einen Seerosenteich zu münden.

Der Setagayapark entstand Anfang der 1990er-Jahre und geht auf die Freundschaft zwischen dem 19. Bezirk Tokios, *Setagaya,* und *Döbling,* dem 19. Bezirk Wiens, zurück. Er reiht sich damit in die Liste japanischer Gärten ein, die seit Beginn des 20. Jahrhunderts in Europa entstanden. Die Kunst und Kultur Japans lösen seit der Öffnung des Landes 1853 in Europa rege Begeisterung aus. Auch die Gartenkunst des Landes fasziniert die Europäer*innen. In Wien zeugt davon auch ein japanischer Garten, der 1913 neben dem Palmenhaus im Schlossgarten Schönbrunn angelegt wurde. Die Kriegsjahre ließen ihn zunehmend verwildern, bis er als solcher nicht mehr zu erkennen war. Durch Zufall entdeckte eine Passantin 1996 die Anlage, woraufhin sie restauriert wurde.

SOZIALER GRÜNRAUM UND STREUOBSTWIESE

VON NEUWALDEGG ÜBER DEN HEUBERG ZUM KONGRESSPARK

LÄNGE, DAUER UND CHARAKTERISTIK:
5 km, 2 ½ bis 3 Stunden
Überschaubare Wanderung auf überwiegend befestigten, teilweise steil ansteigenden und abfallenden Wegen. Im sonnenexponierten Siedlungsgebiet kann es im Sommer sehr heiß werden.

Dieser Spaziergang führt uns thematisch in die Zwischenkriegszeit und ihre sozialen Fragen, die auch ganz zentral die Grünraumgestaltung betreffen. Siedlungs- und Gemeindebau sowie Kleingartenvereine sind verschiedene Antworten auf die Bedürfnisse breiter Bevölkerungsschichten. Diese sind jedoch ständig im Wandel begriffen: In Gärten, die einst zur Selbstversorgung angelegt wurden, wichen Obst und Gemüse dem Rasen – die Erholungsfunktion trat in den Vordergrund. Oft sind Obstbäume die letzten Zeugen der vormals produktiven Nutzung. Die Streuobstwiese am Heuberg lädt zur Vertiefung in das große Themengebiet Obstbau ein. So ist dieser Spaziergang zur Blütezeit im Frühling besonders lohnenswert. Doch auch während des restlichen Jahres kann er durch herrliche Panoramablicke sowie vielfältige Wiesen-, Wald- und Gartenvegetation überzeugen.

Wenn wir bei der **Endstation Neuwaldegg** aus der Straßenbahn der Linie 43 steigen, werden wir von merklich kühlerer Luft und grünerem Ambiente empfangen als im Zentrum der Stadt. Wir finden uns umgeben von Kiefern, Ahorn und Holunder. Die Kapelle neben der Haltestelle und die niedrigen Häuser an der Dornbacher

Straße lassen dörfliche Stimmung aufkommen. Kein Wunder also, wenn hier einer der vielen Stadtwanderwege beginnt. Wir folgen diesem nun ein kurzes Stück stadtauswärts, biegen aber schon bald in die **Luchtengasse** ab. Zuvor können wir in der Waldegghofgasse rechter Hand einen Blick auf das Schloss Neuwaldegg erhaschen. Es zeugt von der Zeit, in der herrschaftliche Anwesen und ihre ausladenden Gärten das Bild der Vororte Wiens prägten. Der unweit von hier gelegene Schwarzenbergpark, einst nur wenigen Auserwählten vorbehalten, ist mittlerweile ein beliebtes Naherholungsgebiet der Wiener*innen (→ S. 178).

Die Forderung nach mehr öffentlichen Freiräumen steckte im Keim bereits in den Ideen der Aufklärung. Durch die rasante Urbanisierung änderte sich die räumliche Ordnung schlagartig: Die bürgerlichen Biedermeierhäuser mit ihren blumenreichen Gärten wurden zunehmend von mehrstöckigen Zinskasernen abgelöst und die Straßenzüge der Vorstädte glichen immer mehr einem Schachbrett. Parallel dazu wurde der Ruf nach sozialem Grün laut. Dieser bezog sich nicht nur auf öffentliche Parkanlagen, sondern auch auf deren individuelle Nutzung zur Erholung und Selbstversorgung.

Wenn wir nun der **Promenadengasse** nach rechts bergauf folgen, wandern wir in unmittelbarer Nähe der ehemaligen *Siedlung geistiger Arbeiter*. Als eine der ersten Siedlungsgenossenschaften nahm sie Anfang der 1920er-Jahre ihre Bautätigkeit auf und setzte die Forderungen nach leistbarem Wohnen und Gärten zur Selbstversorgung konsequent um. Im Gegensatz zu vielen anderen Wohnbauprojekten, die in diesem Kapitel noch thematisiert werden, handelte es sich hierbei um eine Genossenschaft katholischer Arbeiter*innen. Auf dem Pachtgrund des Stiftes St. Peter in Salzburg errichteten sie eine Kleinsiedlung mit rund 200 Parzellen samt ausladenden Gemüsegärten. Siedlungsvereine wurden ab 1919 von der Stadt Wien durch Bauland, Material und finanzielle Mittel gefördert. Essenziell war jedoch auch die Eigenleistung der Siedler*innen durch Geld, Arbeitskraft und Baustoffbereitstellung. In der Regel leisteten sie zwischen 1000 und 3000 unbezahlte Arbeitsstunden. Seitdem die Parzellen der Waldegghofgasse privatisiert wurden, ist von der ursprünglichen Siedlung kaum noch etwas übrig.

Am Neuwaldegger Bad vorbei steigen wir nun den **Heuberg** weiter steil hinauf – unter dem kühlen Blätterdach lässt sich der Weg auch an heißen Tagen bewältigen. Namensgebend für dieses Gebiet war das Heu, das die Wiesen hier lieferten. Ein Teil des Heubedarfs als Futtermittel für Nutztiere konnte durch die Produktion im Großraum Wien gedeckt werden. Zusätzlich wurde es aus Ungarn importiert, besonders begehrt war allerdings das Bergheu des Wienerwalds. Aufgrund seiner guten Qualität wurde es bevorzugt von Milchbauern gekauft.

Die asphaltierte Straße geht nun in einen Schotterweg über. Dieser führt durch einen lichten Laubwald, der ein Vogelschutzgebiet des Wiener Tierschutzvereins beherbergt, zu einer **Streuobstwiese.** Hinter den Baumwipfeln lässt sich die Skyline der Stadt im Dunst erahnen. Auf der Wiese wachsen alte Obstgehölze neben neu gepflanzten: vorwiegend Marille, Apfel und Birne, aber auch Nuss- und Maulbeerbäume. Die Wiese wird selten gemäht und ist an den Rändern bereits stellenweise mit Himbeer- und Brombeersträuchern verbuscht.

Streuobstwiesen sind eine typische Kulturlandschaft in Österreich, die jedoch im Verschwinden begriffen ist. Sie zeichnet sich durch eine große Vielfalt an Obstarten aus, die bewusst nebeneinander gepflanzt werden. Manche davon sind beinahe in Vergessenheit geraten und nur mehr vereinzelt zu finden – zum Beispiel die im Wiener Raum beliebte Elsbeere oder der Speierling. Zudem lassen sich auch unterschiedliche Sorten finden. Eine Durchmischung von Früh- bis Spätblühern hat den Vorteil, dass vom Sommer bis in den Spätherbst hinein frisches Obst geerntet werden kann. Die Stämme sind hochgewachsen und der Kronenbereich wird kaum geschnitten. Charakteristisch für Streuobstwiesen ist, dass der Unterwuchs als Wiese oder Weide genutzt wird. Die Obstbäume stehen weit auseinander, sodass jeder als Individuum erkennbar ist. Im Gegensatz dazu wird im Intensivobstbau die Fläche möglichst effizient, mit oft nur einer einzigen Sorte dicht im Spalier, bepflanzt. Durch diese Praxis bleiben die Bäume verhältnismäßig klein, sind schnell im Ertrag und kommen deshalb nach verhältnismäßig kurzer Zeit bereits an ihr Lebensende. Streuobstwiesen sind heutzutage meist auf private Initiativen zurückzuführen, aber im Erwerbsobstbau nicht mehr gängig. Sortenliebhaber*innen haben es sich zur Aufgabe gemacht, durch die Kultivierung den Arten- und Sortenreichtum zu bewahren.

Die Streuobstwiese hat noch weitere Vorteile: Durch die vielfältige Bepflanzung sowie die großzügige Verteilung der Bäume sind diese weniger anfällig für Schädlinge und Krankheiten. Pflanzenschutzmittel kommen daher kaum zum Einsatz. Auch deshalb wird diese Kulturlandschaft gerne von einer Vielzahl an Tieren bevölkert. Insekten und andere Wirbellose finden hier Nahrung und Niststätten. In Baumhöhlen fühlen sich viele Vögel wohl, unterschiedliche Wildbienenarten bauen ihre Nester in Boden, Totholz oder Pflanzenstängeln. Ihre Nahrung finden sie in den Wiesenblumen, aber auch an den Bäumen selbst. Somit spielen sie eine zentrale Rolle bei der Bestäubung der Obstbäume.

Schon seit über 4000 Jahren erfreut sich der Mensch im Wiener Raum an Obst. Das belegt der archäobotanische Fund eines verkohlten Apfels, der bei einer Grabung in Oberlaa entdeckt wurde. Die jungsteinzeitlichen Siedler*innen kultivierten noch keine Äpfel, sie sammelten den **Europäischen Wildapfel** *(Malus sylvestris)* in den umliegenden Wäldern, der sich auch heute noch vereinzelt in Mitteleuropa findet. Die Äpfel wurden halbiert und zur Konservierung gedörrt.

Unser Kulturapfel *(Malus* x *domestica)* geht auf den Altai-Apfel *(Malus sieversii)* zurück, dessen Domestikation vor mindestens 4000 Jahren im Tien-Shan-Gebirge erfolgt sein dürfte. Von dort aus hat sich die Kulturform entlang der Seidenstraße unter anderem nach Westen ausgebreitet. Im Zuge dieser allmählichen Ausbreitung kam es immer wieder zu Kreuzungen und Rückkreuzungen

Europäischer Wildapfel
(Malus sylvestris)

mit lokalen Wildapfelarten. Entlang des Weges entstanden so immer mehr Sorten. Die Stammform *Malus sieversii* kommt besonders zahlreich in der Gegend der früheren Hauptstadt von Kasachstan vor, die nicht umsonst Almaty, „Vater des Apfels", heißt. Auch heute gibt es dort noch wilde Apfelwälder. Auch Kultivierungs- und Anbautechniken liegt ein Wissensimport aus dem Osten zugrunde. So lernten erst die Griechen in den Kolonien am Kaukasus und in Persien das Veredeln von Obstgehölzen. Dieses Wissen übernahmen wiederum die Römer, die den Anbau von Edelobstarten in Gebiete nördlich der Alpen brachten. Die Völkerwanderung bereitete dem Obstbau in Mitteleuropa vorübergehend ein Ende. Ab dem frühen Mittelalter spielten dann die Klöster eine entscheidende Rolle bei dessen erneuter Aufnahme. Innerhalb der schützenden Klostermauern wurden auf relativ kleinen Flächen wieder erste Edelsorten kultiviert und von dort aus weiterverbreitet. Auch während des *Goldenen Zeitalters des Obstbaus* in Mitteleuropa (1770–1890) war das pomologische Zentrum ein Kloster: Die Baumschule des Kartäuserklosters in Paris beherbergte tausende Sorten. Pomolog*innen aus ganz Europa bezogen von dort Edelreiser und verwendeten diese als Basis für viele Neuzüchtungen. Auch der Wiener Entdeckungsreisende und Pomologe Franz Josef Märter erhielt Teile seines Sortenmaterials aus Paris. Im Auftrag von Kaiser Franz II./I. legte er in der Nähe der Schönbrunner Allee um 1800 einen Garten an, in dem über 500 Obstsorten, vorwiegend französischen Ursprungs, kultiviert wurden. Von dort wurden jährlich tausende Edelreiser abgegeben. Ende des 19. Jahrhunderts setzte ein Wandel ein: Die Sortenliebhaberei wurde langsam vom intensiven Obstbau verdrängt, was zu einer starken Reduktion der Vielfalt führte. Gab es beispielsweise um die Jahrhundertwende noch circa 20.000 Apfelsorten in Österreich, so werden heute für den Markt nur mehr zwischen zwölf und 15 Sorten produziert, obwohl in Österreich noch um die tausend Apfelsorten existieren.

Folgen wir nun dem **Waldhüttenweg** weiter bergauf, tauchen wir in die Welt der Kleingartensiedlungen ein: eine bunter Mix kleiner Häuser und Hütten, unterschiedlich in Stil und Größe, in einen grünen Mantel gehüllt. Die variierende Erscheinung der Bauwerke ist nicht nur persönlichen Vorlieben, sondern auch verschiedenen Bauordnungen und Flächenwidmungen geschuldet, die hier ineinandergreifen. Die Vielfalt der Häuser findet ihre Entsprechung in der diversen Gestaltung der Gärten, die sie umgeben – von manikürt über naturnah bis hin zu verwildert.

Mit der **Trenkwaldgasse** haben wir nun auch den höchsten Punkt des Spaziergangs erreicht. Hier wurde bereits Ende der 1920er-Jahre der Kleingartenverein Ferdinand Hanusch gegründet, im Laufe der Jahrzehnte gesellten sich weitere Vereine hinzu. Von hier aus können wir nun nach Lust und Laune das Siedlungsgebiet weiter Richtung Süden auf eigene Faust durchstreifen.

Ein Schrebergärtner in seinem Garten in Wien, vor 1920

Besonders reizvoll ist das begrünte Stück des **Veletawegs** ab der Schrammelgasse. Er bringt uns in die Röntgengasse und die Heubergsiedlung, unsere nächsten Destinationen. Den Weg begleitet ein schönes Panorama über die Stadt und die Siedlungen im Grünen, die sich hier vom Anderbachtal bis hinüber zum Predigtstuhl erstrecken. Viele der Gassen tragen klingende botanische Namen wie Knospen- und Thymianweg. Im Frühjahr leuchten die hellen Kleckse der blühenden Magnolien und Obstbäume aus den Gärten, im Herbst die Gelb- und Rottöne des sich verfärbenden Laubs. Während des Spaziergangs haben wir immer wieder die Möglichkeit, durch die Hecken einen Blick in die Gärten zu werfen. Im Frühling machen sich Flieder und Rhododendron farbenprächtig bemerkbar. Pfingstrosen, Hortensien, Begonien und vielfältige Rosensträucher sorgen auch im weiteren Jahresverlauf für blühende Akzente. Auffällig ist trotz des üppigen Grüns im privaten Raum, dass es hier kaum hohe Bäume gibt. Auch die Straßen sind weitgehend baumlos, sodass es untertags hier sehr heiß werden kann.

Kleingartensiedlungen haben in Wien eine lange Tradition und gehen auf das frühe 20. Jahrhundert zurück. In Wien machten die

Gartenkolonie Neu-Brasilien und die Reformsiedlung Rosental den Anfang. Viele der ersten Siedler*innen kamen aus dem bürgerlichen Milieu. Mit der Reformbewegung wollten sie der rasant fortschreitenden Industrialisierung, der starken Verbauung und Verschmutzung der Stadt sowie den engen gesellschaftlichen Normen mit Freikörperkultur, vegetarischer Ernährung und dem Anbau von eigenem Obst und Gemüse einen alternativen Lebensentwurf entgegenstellen. Die aus Deutschland kommende Schrebergartenbewegung propagierte Gartenarbeit als gesundheitsfördernde Freizeitbeschäftigung. Die Mehrheit beäugte die fleißigen Gärtner*innen allerdings noch skeptisch als *„Sonderlinge, die unter Violen und Spinat ihren Eigenbröteleien nachhingen“*[25].

Der Erste Weltkrieg und die darauf folgende Wirtschaftskrise brachten Dynamik in die Bewegung. Die Versorgungslage verschlechterte sich dramatisch. Zahlreiche arbeitslos gewordene Wiener*innen konnten sich ihre Wohnungen nicht mehr leisten und Mittellose aus den Gebieten der nun zerfallenden Donaumonarchie strömten in die ehemalige Hauptstadt. Aus purer Not begannen die sogenannten „wilden Siedler*innen“ am Stadtrand ohne Baugenehmigung kleine Hütten zu errichten. Sie bemächtigten sich dabei privater sowie öffentlicher Flächen. Die zugehörigen Gärten dienten nicht der Rekreation, sondern sicherten das Überleben: Kraut und Erdapfel statt Blumen und Rasen.

Während des Ersten Weltkriegs wurde Selbstversorgung auch von offizieller Seite gefördert. Um der Lebensmittelknappheit beizukommen, wurden *Kriegsgemüsegärten* auf öffentlichen und privaten Freiflächen propagiert. Die Stadt Wien half bei der Anlage, verteilte Saatgut und Jungpflanzen. Selbst Schüler*innen wurden unter dem Motto patriotischer Pflichterfüllung für die Bewirtschaftung urbaner Landwirtschaftsflächen herangezogen. Während des Krieges wurden einerseits bis dahin noch exotisch anmutende Gemüsearten wie Sojabohne, Reismelde und Topinambur angebaut, andererseits auch altbekannte Wildkräuter wie

[25] Neurath, 1923.

Wegwarte, Löwenzahn und Brennnessel zum *„deutschen Kriegsgemüse“* erklärt.

Ab 1919 fasst die Gemeinde Wien die Kleingartenvereine, Kriegsgemüsegärten und die Aktivitäten wilder und genossenschaftlicher Siedler*innen organisatorisch zusammen. Obwohl der Stadt die Eigeninitiative der Armen und Elenden entgegenkam, versuchte sie doch die anarchistischen Züge mancher Siedlergruppen stärker zu kontrollieren. Als die US-amerikanische Journalistin Solita Solano 1922 Wien besuchte, beschrieb sie die Situation im Nachkriegswien in einer Reportage für *National Geographic: „Am Rande der Stadt trifft der Reisende auf merkwürdige kleine Gartenparzellen, jede umgeben von einem zusammengezimmerten Zaun und mit einer Holzhütte, die wie ein Spielhaus für Kinder aussieht. Frauen und Kinder jäten Unkraut und holen Wasser. Für Wege verschwenden sie kein Stück Grund, sondern treten vorsichtig um die Pflanzen herum. Teppiche von rotem Mohn, der wegen seiner köstlichen Samen angebaut wird, leuchten hier und da auf den Hängen.“*[26] Heute lassen sich die ursprünglichen Hütten und ihre Selbstversorgergärten nur mehr erahnen. Zu viel hat sich seit der Nachkriegszeit verändert. Kleingärtner*innen bewohnen ihre Gartenhäuser häufig ganzjährig und haben sie entsprechend angepasst oder neu gebaut. In den unmittelbaren Nachkriegsjahren, in denen die Flächen möglichst effizient für die Lebensmittelversorgung genutzt wurden und der Gemüseanbau im Vordergrund stand, galt Obst als Luxusgut. In der Zwischenkriegszeit gewann dieses nun an Bedeutung. Hier am Heuberg entdecken wir nur vereinzelt Gemüsekulturen, jedoch häufig Obstbäume – darunter Apfel, Kirsche oder Weichsel und den ein oder anderen Feigenbaum. Nach dem Zweiten Weltkrieg trat die Freizeitnutzung der Gärten stärker in den Vordergrund. Pflegeleichte Zierkoniferen wie die Thuja und kurz geschorener Rasen prägten ihr Erscheinungsbild. Es war nun Mode, sich auf den Freiflächen zu sonnen anstatt unter belaubten Kronen zu entspannen. Ab den

[26] Solano, 1923.

Siebzigerjahren konnte man eine allmähliche Hinwendung zum Naturgarten beobachten.

Der **Abendländische Lebensbaum** *(Thuja occidentalis)* stammt aus Nordamerika und wurde als eine der ersten amerikanischen Gehölze bereits Anfang des 16. Jahrhunderts in Europa eingeführt. Das Zypressengewächs fühlt sich auf feuchten Böden zuhause, ist immergrün, anspruchslos und schnellwachsend – mit diesen Eigenschaften trat es seinen Siegeszug als *die* Heckenpflanze der mitteleuropäischen Gärten an.

Das ätherische Öl, das vor allem von Zapfen und Zweigspitzen abgesondert wird, ist für Mensch sowie Tier giftig und wirkt stark hautreizend. Auch die heimische Insektenwelt hat meist keine Freude an der Thuja. Somit ist sie zwar grün, ihr Beitrag zur Biodiversität in Europa jedoch äußerst mager. Eine Reihe von Pilzkrankheiten und Insekten machen der Thuja in letzter Zeit Probleme, so dass sie häufig durch andere, teils vielfältigere Arten ersetzt wird.

In der **Röntgengasse** betreten wir das Areal der historischen Heubergsiedlung. Im Gegensatz zu den bisher gesehenen Kleingärten mit den freistehenden Gebäuden finden wir hier überwiegend Reihenhäuser mit Flachdächern vor. Von der ursprünglichen Architektur und der einstigen Erscheinung der Gärten ist nur mehr wenig zu sehen. Sie wurden vom modischen Geschmack der letzten Jahrzehnte überformt. In der **Schrammelgasse 13–27** ist der Originalzustand noch besser zu erkennen – schlichte geometrische Formen, Holzschindeln als Fassadenschmuck und Kastenfenster. Ab 1921 wurde der genossenschaftliche Siedlungsbau durch die sozialdemokratische Regierung Wiens forciert. Leiter des Siedlungsamts war niemand anderer als Adolf Loos, der mit seinen radikalen Ideen über den Nutzstil und die neue Ästhetik der Moderne bereits in der Kaiserzeit Furore gemacht hatte. Mit der

Mustersiedlung am Heuberg wollten er und sein Team progressiver Architekt*innen zeigen, dass eine sozialverträgliche Bauweise und Ästhetik keinen Widerspruch darstellen. Jeder Wohneinheit war ursprünglich auch eine eigene Gartenparzelle von 150 bis 250 Quadratmetern angeschlossen, die der Selbstversorgung dienen sollte. Auch die Haltung von Kleintieren war darin vorgesehen. Um die Fläche optimal zu nutzen, wurden Gemüsekulturen zentral eingeplant, Spalierobst und Beerensträucher sollten an den Grundstücksgrenzen wachsen. Mit seinem Hang zum Polemisieren sprach sich Loos strikt gegen Hochstammgehölze aus: *„Der baum ist ein unsoziales wesen. Er gibt seinen schatten nicht dem, der ihn haben will, sondern gewöhnlich dessen nachbar.“*[27]

Wir können davon ausgehen, dass auf den kleinen Parzellen eine große Arten- und Sortenvielfalt zu finden war. Eine solche wird auch im Selbsthilfebuch des leidenschaftlichen Gärtners Anton Eipeldauer ersichtlich, in dem er minutiös die richtige Anlage und Pflege eines Hausgartens beschreibt. *„Der Selbstversorger hat auf den Bedarf seines Haushaltes Rücksicht zu nehmen und wird sich mit seiner Frau beraten, denn diese ist es, die die Vorwürfe zu ertragen hat, wenn dreimal in der Woche Spinat auf den Tisch kommt.“*[28]

Mit der Eingliederung der Siedlungsbewegung in das offizielle Wohnbauprogramm der Stadt Wien und mit Verbesserung der Versorgungslage wurde von offizieller Seite versucht, Einfluss auf die Kulturen in den Selbstversorgergärten zu nehmen, um bäuerlichen Betrieben keine Konkurrenz zu machen. Der Fokus wurde auf bisher kaum in der Landwirtschaft kultivierte Arten und Sorten gelenkt – zum Beispiel auf Schwarzwurzel oder Rhabarber.

Kein Geringerer als der Sonnenkönig Ludwig XIV. war ihr Fan – er empfahl sie jeder und jedem mit verdorbenem Magen als leich-

[27] Loos, 1962.

[28] Eipeldauer, 1943.

Schwarzwurzel
(Scorzonera hispanica)

te Mahlzeit und Heilmittel zugleich. Da sie am Hofe Frankreichs gegessen wurde, war sie bald in ganz Europa *en vogue.* Von welchem erlesenen Gemüse ist die Rede? Von keiner Geringeren als der **Schwarzwurzel** *(Scorzonera hispanica).* Ihr bescheidenes Auftreten mit dunkler Wurzelhaut lässt noch nicht auf die kulinarische Köstlichkeit schließen. Geschält ist sie weiß, ihr Geschmack fein und leicht süßlich, daher wird sie auch „Spargel des Winters" genannt. Kultiviert wird die mediterrane Pflanze erst seit dem 17. Jahrhundert – zuerst in Italien. Doch schon zuvor sammelte man wahrscheinlich die Wurzel als Wildpflanze und verwendete ihre schmackhaften Blätter als Suppengrün. Mit den Römern überquerte sie vermutlich die Alpen. In Wien darf sie bei keinem Heurigenbuffet fehlten, auch wenn sie in Österreich heute eher nur in bescheidenem Umfang kommerziell kultiviert wird.

Ab 1923 nahm die Stadt Wien selbst das Zepter in die Hand und begann, Superblocks für Arbeiter*innen zu errichten. Sie stellen bis heute ein städtebauliches Wahrzeichen des Roten Wiens dar. Die genossenschaftliche Siedlungsbewegung wurde nur in geringem Maß weiter gefördert. Trotzdem war am Ende die Leistung dieser Bewegung beachtlich: In nur wenigen Jahren wurden rund fünfzig Siedlungsanlagen mit ca. 15.000 Wohneinheiten errichtet – wobei viele der informellen Bretteldörfer keinen Eingang in die Statistiken fanden. Zehntausenden Wiener*innen wurde so die Möglichkeit geboten, ihre eigenen Lebensmittel zu produzieren.

In der **Röntgengasse** gehen wir bergab. Im Sommer nehmen wir den harzigen Geruch der Kiefern wahr, der mediterrane Gefühle weckt. In der **Neuntegasse** entdeckten wir bei einer Erkundungstour im Spätsommer einen Garten mit verschiedenen Gemüsekulturen – darunter Paradeiser, Mais und Bohne. Die amerikanischen Kulturpflanzen sind in guter Gesellschaft, in der Nähe finden wir eine weitere Amerikanerin: die Mahonie, die in dieser Ecke der Stadt immer wieder in den Gärten auftaucht.

Mahonie
(Mahonia aquifolium)

Die **Mahonie** *(Mahonia aquifolium)* zählt zu den Berberitzengewächsen. Kleine Zähne säumen die ledrigen Blätter des immergrünen Strauchs. Ihre Oberseite ist dunkelgrün glänzend. An der üppigen Pracht gelber Blüten erfreuen sich im Frühjahr Mensch und Biene, ab Ende August trägt sie dunkelblaue, bereifte Früchte. Ihre ursprüngliche Heimat ist die Westküste Kanadas und der US-Bundesstaat Oregon, wo sie identitätsstiftend als *oregon grape* bekannt ist. In Europa taucht sie seit dem 19. Jahrhundert als Zierstrauch in Parks und Gärten auf. Als Nutzpflanze ist sie hierzulande wenigen bekannt. Bei ihrer kulinarischen Nutzung ist Vorsicht geboten, denn Wurzel und Rinde sind giftig. Auch die Beeren weisen geringe Alkaloidmengen auf, so dass ihr Verzehr in größeren

Mengen nur in gekochtem Zustand ohne Kerne empfohlen wird. So lassen sich etwa schmackhafte Säfte und Gelees herstellen, die ein wenig an Schwarze Johannisbeere erinnern.

Im **Anderbachtal** angekommen, sorgt die Alleebepflanzung mit Ahorn und Kastanie abermals für merklich kühlere Luft. Wir queren die Andergasse und passieren einen namenlosen Park, der sich an den steilen Hang schmiegt und in seinem naturbelassenen Zustand eine ökologische Nische darstellt.

Der Weg führt uns hinauf zur **Franz-Glaser-Gasse**, die wir bergab, vorbei an stattlichen Villen und klassischen Kleingartensiedlungsbauten, gehen. Bereits 1916 wurden hier am Fuße des Predigtstuhls Parzellen für den Gemüseanbau verlost. Im Jahr darauf wäre die Ernte fast verloren gewesen: Wasseranschlüsse waren gerade in der Anfangszeit der Kleingartensiedlungen rar. Oft musste das Wasser mühsam mit Kübeln von zentralen Brunnen bis in die Gärten geschleppt werden. Der besonders trockene Sommer 1917 spitzte die Lage weiter zu. Rettung kam durch einen beherzten Einsatz der Feuerwehr, die zur Bewässerung ausrückte.

Die Feuerwehr bewässert das Gemüse am Predigtstuhl im Hitzesommer 1917

Links eröffnet sich uns ein schöner Blick auf die Weingärten an der Alszeile. Rechts biegen wir in die Braungasse ein. Hier dominieren nun endgültig die Villen der Vorstadt. Folgen wir der Umlauftgasse nach rechts, erblicken wir an der Ecke zur Rosenackerstraße einen niedrigen, runden Pavillonbau. Hier beginnt der **Sandleitenhof**, eine der größten kommunalen Wohnanlagen des Roten Wiens aus der Zwischenkriegszeit. Wir betreten ihn durch eine Öffnung in der Steinmüllergasse. Die ausgedehnte Anlage wirkt wie eine Stadt in der Stadt, präsentiert sich jedoch durch die vielen Durchgänge und teilweise lockere Bebauung einladend. Verwinkelte Wege führen durch begrünte Höfe, die von Hecken und Ziersträuchern gegliedert werden. Ahorn, Kiefer und Linde sind nur ein paar der Gehölzarten, die großteils aus der Zeit der Bebauung stammen. Durch das dichte Blätterdach schimmert die Sonne, die die Höfe in weiches Licht taucht. Das unebene Terrain ist durch Treppen erschlossen, die terrassenartige Struktur schafft abwechslungsreiche Freiräume, die zum Verweilen einladen.

Für den Bau des Sandleitenhofs musste eine Kleingartensiedlung weichen – er steht somit auch sinnbildlich für den Wandel der sozialen Wohnbaupolitik hin zu den Superblocks. Das Thema der Grünflächen spielte auch nach diesem Kurswechsel eine Rolle. Im Gegensatz zur dicht bebauten gründerzeitlichen Stadt wurde für die kommunalen Wohnbauten nur maximal die Hälfte der Grundfläche verbaut, in manchen Fällen, wie etwa beim Karl-Marx-Hof, überhaupt nur zwanzig Prozent. Durch die Blockrandbebauung entstanden so Höfe mit Gehölzgruppen und weitläufigen Rasenflächen. Unter dem Motto „Sonne, Licht und frische Luft“ sollten die begrünten Anlagen zur verbesserten Hygiene in den neuen Gemeindewohnungen beitragen. Die Höfe stehen bis heute nicht nur den Bewohner*innen zur Verfügung, sondern durch ihre öffentlichen Zugänge auch allen anderen Wiener*innen.

In das Freiraumkonzept des Roten Wiens flossen neben Camillo Sittes Vorschlägen eines malerischen Städtebaus auch Ideen der Gartenstadtbewegung ein. Ende des 19. Jahrhunderts versuchte Ebenezer Howard in England, die zunehmende Dichotomie zwischen Stadt und Land, mitsamt ihren Begleiterscheinungen, aufzulösen. Unabhängige Planstädte sollten innerhalb eines Wald- und Wiesengürtels ringförmig um ein historisch gewachsenes Zentrum entstehen. Dieser radikale Ansatz fand in Wien durchaus Resonanz, wenn auch die Umsetzung nur fragmentarisch erfolgte. Maßnahmen gegen Bodenspekulation und für faire Mieten, soziale und kulturelle Einrichtungen innerhalb der Gemeindebauten sowie qualitätsvoll gestaltete urbane Grünanlagen und Gartensiedlungen sind Elemente, die Howards Ideen widerspiegeln.

Am **Rosenacker Park** (Rosenackerstraße 12) ist der gemauerte Geländesprung samt Brunnenanlagen von prächtigen Zürgelbäumen (→ S. 76) gerahmt. Nach ein paar Schritten bergab auf der Rosenackerstraße öffnet sich erneut ein schmaler Pfad, der, begleitet von Schmetterlingsflieder und Haselnussbüschen, an einem Kindergarten vorbeiführt. An der Gomperzgasse halten wir uns rechts, um dann gleich wieder links die Treppe zum **Matteotiplatz** hinunterzuschreiten. Die bühnenartige Anlage ermöglicht uns einen schönen Blick auf den Kreis aus Blutahorn und Blutpflaumen, die mit kräftig dunkelroter Blattfärbung beeindrucken (→ S. 119).

Ein Abstecher zur **Städtischen Bücherei Sandleiten** (Rosa-Luxemburg-Gasse 4) lohnt sich. Der schmucke kleine Platz davor, mit zentralem Brunnen, wird von Weichseln gesäumt. Der Durchgang links führt uns durch die letzten Höfe der Anlage, die hier fast wehrhaft und verspielt zugleich an die Architektur von Burgen erinnern. Tatsächlich war der Sandleitenhof einer der zentralen Schauplätze des Bürgerkriegs 1934.

Wir verlassen den Gemeindebau durch das Tor zum **Nietzscheplatz,** der von prächtigen Platanen des originalen Begrünungskonzepts beschattet wird. Zum Abschluss unseres Spaziergangs statten wir noch dem **Kongresspark** einen Besuch ab.

Die Anlage mitsamt städtischem Freibad entstand wie der Sandleitenhof in der Zwischenkriegszeit – sie bilden eine logische Einheit. Damals wie heute bietet sie den Bewohner*innen im bevölkerungsreichen Ottakring ein wichtiges Erholungsgebiet. In den neu angelegten Parks des Roten Wiens standen die sozialen

Der Kongresspark zur Zeit der Eröffnung mit noch jugendlicher Gehölz- und Staudenbepflanzung, im Hintergrund sieht man den Sandleitenhof

Bedürfnisse, insbesondere die der Kinder, im Vordergrund. So wurden hier nicht nur Spielplätze, sondern auch eine Milchtrinkhalle und ein Kinderfreibad gebaut. Ausgedehnte Rasenflächen und zahlreiche Parkbänke laden ein, die Sonne zu genießen. Der zur Zeit der Anlage leitende Stadtgärtner Fritz Kratochwjle stellte auch ästhetische Ansprüche an die Bepflanzung, die bewusst mit dem Reiz unterschiedlicher Blütezeiten und changierender Farbakzente spielt: *„Japanische Kirschen-, Mandel-, Pfirsich- und Aprikosenbäume und Sträucher bilden hier in endloser Zeile eine Blütenavenue von gewaltiger Ausdehnung.“*[29] Im Park finden wir außerdem alte Eichen-, Ahorn- und Tulpenbäume, hinter denen dunkle Kiefern einen schönen Kontrast bilden. Im Juli leuchten die gelben Blütenstände des Blasenbaums besonders auffällig zwischen den unterschiedlichen Grüntönen der Gehölze.

[29] Auböck/Ruland, 1994.

WALD UND LANDSCHAFTSGARTEN

ÜBER DEN DEHNEPARK UND DIE STEINHOFGRÜNDE ZUM SCHWARZENBERGPARK

LÄNGE, DAUER UND CHARAKTERISTIK:
8,1 km, 4 bis 5 Stunden
Gutes Schuhwerk und die Mitnahme von ausreichend Trinkwasser sind von Vorteil bei dieser ausgedehnten Wanderung, die uns stellenweise steil bergauf und bergab führt. Großteils verläuft die Route im Schatten, weshalb sie sich auch bei sommerlichen Temperaturen hervorragend anbietet.

Bei dieser Wanderung lässt es sich gut und tief durchatmen, erkunden wir doch einen Teil des Wienerwaldes, der grünen Lunge der Stadt. Im Vergleich mit anderen europäischen Großstädten fällt auf, dass sich Wien bis heute eine verhältnismäßig große, naturnahe Waldlandschaft am Stadtrand bewahren konnte. Diesen glücklichen Umstand verdanken wir einer Reihe von Menschen und Ereignissen, von denen wir noch hören werden. Die Route führt uns auch dort entlang, wo sich der Wald mit Gärten und Parkanlagen verzahnt und in Interaktion tritt. Der Landschaftsgarten, der die malerische Qualität der Natur nachahmt, steht deshalb ebenso im Fokus dieser Wanderung. Besonders reizvoll zeigt sich entlang des Weges die transformierende Kraft, die Pflanzen eigen ist – Schritt für Schritt hat sich der Wienerwald die von Gartenarchitekten konzipierten Landschaftsparks zurückgeholt und tut es weiterhin.

Der Ausgangspunkt unserer Wanderung ist die Haltestelle Campingplatz Wien-West 1 (52A, 43B, 52B) im Halterbachtal. Vor dem

Ernst Fuchs Museum führt uns ein schmaler, von Holunder und Robinien gesäumter Weg nach links in den Wald. Ein Blick auf die Satellitenaufnahme zeigt, dass es sich bei diesem Baumbestand um ein von Siedlungen umrahmtes Fragment handelt. Dennoch zählt es zum Wienerwald, der die Stadt im Norden und Westen großflächig begrenzt. Der Großteil davon befindet sich in Niederösterreich, doch auch Wien hat Anteil daran – immerhin rund zwanzig Prozent der Fläche der Stadt, die im 13. Jahrhundert namensgebend war für die *Silva Viennensis*, sind von Wald geprägt.

Ganz anders sah es hier vor rund 40.000 Jahren aus – eine karge, unbewaldete Steppenlandschaft kennzeichnete den Osten Österreichs. Frühere Eiszeiten hatten die Vegetation zurückgedrängt, jetzt gewann sie langsam wieder an Boden. Große Herden von Pflanzenfressern sorgten vermutlich dafür, dass über die nächsten Jahrtausende stellenweise offenes Land erhalten blieb (→ S. 198), die jungsteinzeitlichen Ackerbäuer*innen mussten dennoch dichten Wald roden, um Felder, Gärten und Viehweiden anzulegen. Die tiefer gelegenen Hänge des Wienerwalds mit ihrem günstigen Klima wurden in weiterer Folge für den Weinbau genutzt (→ S. 11), in ebeneren Lagen begann sich eine Wiesenkulturlandschaft zu entwickeln. Trotz zunehmender menschlicher Siedlungstätigkeit blieb dennoch lange Zeit der Wald ein wesentliches Merkmal des Wiener Landschaftsbildes.

Wir kehren wieder in die Gegenwart zurück und folgen dem Verlauf des Zauns. Das reichlich vorkommende liegende, aber auch stehende Totholz fällt hier ins Auge. Selbst ein vollständig abgestorbener Baum kann viele Jahre, oft sogar Jahrzehnte aufrecht stehen, bevor er in sich zusammenbricht. Zugleich Unterschlupf und Nahrungsgrundlage für unzählige tierische Lebewesen – von Insekten über Amphibien und Reptilien bis hin zu Vögeln und kleinen Säugetieren – ist Totholz von großem ökologischem Wert. Auch viele gefallene Äste finden sich hier auf dem Boden. In unmittelbarer Stadtnähe dürfte der Wald in der Vergangenheit relativ *aufgeräumt* ausgesehen haben, denn das Sammeln von Klaubholz war lange Zeit gang und gäbe. Besonders in Notzeiten zog es die

Menschen in die Wälder, um Brennholz zu beschaffen. Offiziell war dies allerdings nur mit Erlaubnis der Grundbesitzer*innen möglich. So wurden etwa 1948 von der Forstverwaltung Neuwaldegg im 17. Bezirk um die 20.000 Bezugsscheine für Klaubholz ausgestellt.

Wir halten uns rechts, überqueren die **gewölbte Brücke** und folgen dem schmalen Fußpfad bergauf, der uns zu einem Aussichtspunkt führt. Das hügelige Terrain ist hier hauptsächlich von verschiedenen Ahorn-, Buchen- und Eichenarten bewachsen. Unterschiedlichste Pflanzen nutzen den verfügbaren Raum in ihrem Schatten. So blühen hier etwa im Frühling die blauvioletten Leberblümchen, die im Sommer an ihrer markanten dreilappigen Blattspreite erkennbar sind – ihr Umriss erinnert an die Form der menschlichen Leber. Im Herbst bilden die immergrünen Stängel der Seggen, die in kräftigen Horsten wachsen, einen reizvollen Farbkontrast zum gefallenen Laub. Wer an Wald denkt, assoziiert damit vermutlich in erster Linie Bäume. An der gesamten Pflanzenartenvielfalt mit all ihren Moosen, Farnen, Kräutern, Gräsern und Sträuchern haben diese jedoch nur einen kleinen Anteil. Je nach Waldtyp ist die Kraut- und Strauchschicht recht unterschiedlich ausgeprägt. An lichten, von Eichen bewachsenen Stellen ist sie deutlich artenreicher als in schattigen Buchenhainen. Waldpflanzen passen sich dabei bestens an die unterschiedlichen Bedingungen im Unterholz an. Sie kommen mit einem Bruchteil jener Sonnenstrahlung aus, die Wiesenpflanzen benötigen, oder nutzen die laubfreie Zeit, um an ausreichend Licht zu gelangen (→ S. 37).

Der **Aussichtspunkt**, den wir nun erreichen, wird von Zerreichen und Weißdorn eingerahmt. Hier bietet sich ein wunderbarer Blick über einen Teil des Wienerwaldes. Die Dimension dieser einzigartigen Waldlandschaft in unmittelbarer Stadtnähe wird ebenso erkennbar wie die Verflechtung des Waldes mit dem Siedlungsgebiet. Siedlungen, die in den letzten 200 Jahren am Waldrand Wiens entstanden sind, lassen einerseits auf Wohlstand – bessergestellte Bürger*innen suchen Erholung im Grünen – andererseits auf Notstand schließen.

Zerreiche
(Quercus cerris)

Die **Zerreiche** *(Quercus cerris)*, deren Verbreitungsschwerpunkt in Süd- und Südosteuropa liegt, hat einen Hang zu warmen und vollsonnigen Standorten. Von robuster Natur, kann sie eine Wuchshöhe von mehr als dreißig Metern und ein Alter von bis zu 200 Jahren erreichen. Mit ihrer langen Pfahlwurzel trotzt sie auch länger andauernden Trockenperioden, was sie zu einer zukunftsträchtigen Baumart macht. Von anderen Eichenarten lässt sie sich durch die langen, fadenförmigen Nebenblätter an den Knospen unterscheiden. Noch einfacher ist die Bestimmung anhand ihrer charakteristischen Eicheln. Sie sind drei Zentimeter lang und sitzen in auffällig stacheligen Fruchtbechern. Sämtliche Eichen bilden eine Gattung innerhalb der Familie der Buchengewächse. Die Zerreiche ist demnach mit der Rotbuche (→ S. 174) verwandt, mit der sie im Wienerwald oft im Verband wächst.

Eicheln sind für Wild-, aber ebenso für Hausschweine eine Delikatesse. In vergangenen Epochen war es in Wien deshalb üblich, neben Wiederkäuern durchaus auch Schweine zum Weiden in den Wald zu treiben. Lange Zeit waren die zuckerhaltigen Baumfrüchte auch Teil der menschlichen Ernährung, etwa als Kaffeeersatz oder zum Strecken von Mehl in Notzeiten. Die sogenannten *Galläpfel* entstehen, wenn die Gemeine Eichengallwespe ihre Eier in Eichenblättern ablegt – die Larven entwickeln sich in den kugeligen Wucherungen. Frisch gesammelt, verwendete man früher die gerbstoffreichen Galläpfel ebenso wie die Rinde des Baumes als Arznei, aber auch zum Gerben. Zudem stellte man aus ihnen Eisengallustinte her, die noch über das Mittelalter hinaus bis ins 20. Jahrhundert Verwendung fand und zahlreiche historische Dokumente ziert.

Bereits im 15. Jahrhundert gab es erste Bestrebungen, den Wienerwald zu schützen. Das Wachstum der Stadt, Rodungen zur Schaffung landwirtschaftlicher Flächen und die wachsende Nachfrage nach Holz als wichtigem Energielieferanten (→ S. 60) und begehrtem Baustoff stellten eine Bedrohung des Naturraums dar. 1467 ordnete Kaiser Friedrich III. an, Rodungen nur mehr mit Sondererlaubnis zu gestatten. Die Waldordnung seines Sohns Maximilian I. und Maria Theresias Maibaumverbot waren weitere Schutzmaßnahmen. Wie der Historiker Anton Ferdinand von Geusau Ende des 18. Jahrhunderts berichtet, sei es vor dem Patent der Herrscherin üblich gewesen, *„an dem 1. Maytag Bäume vor die Häuser, Thüren, ja auch in die Zimmer zu setzen, wozu viele tausende junge, und in dem besten Saft und Wachsthume stehende Stämme, abgehauen wurden“*[30].

Gedanken hinsichtlich des Naturschutzes, wie wir sie heute hegen, entwickelten sich erst langsam. Wie der Lobau (→ S. 185) kam wohl auch dem Wienerwald die Vorliebe des Adels für die Jagd zugute, der seine Reviere und das Wild darin schützen wollte. Im ausgehenden 19. Jahrhundert erfasst die Geistesströmung der

[30] Geusau, 1793.

Romantik weite Bevölkerungsgruppen. Die Wiener*innen sahen nun im Wald den wilden Gegenpart zur industrialisierten Metropole. Mit zunehmender Skepsis beobachtete damals vor allem das Bildungsbürgertum den Fortschritt und die damit einhergehende Veränderung der stadtnahen Landschaften. Bis im Jahr 1905 der Wald- und Wiesengürtel um die Stadt zur Schutzzone deklariert wurde, waren ereignisreiche Jahrzehnte vergangen: Ursprünglich sollten großflächig Abholzungen stattfinden. Dem trat der Journalist und Politiker Josef Schöffel vehement entgegen. Seine ausgedehnte journalistische Gegenkampagne löste einen Sturm der Entrüstung in der Bevölkerung aus und führte schließlich dazu, dass die Regierung ihre Entscheidung rückgängig machte. Schöffel ging damit als „Retter des Wienerwaldes" ins kollektive Gedächtnis der Stadt ein.

Ein steiniger, schmaler Fußweg führt uns weiter bergauf nach Osten an den Rand einer Schrebergartensiedlung. Der Weg entlang dieser Siedlung führt uns zur Steinböckengasse. Nach einem kurzen Stück bergauf stoßen wir auf die Route des Stadtwanderweges Nummer 4, dem wir in entgegengesetzter Richtung auf gewundenen Wegen durch ein parkartiges Gelände mit Wiesenbereichen und bewaldeten Zonen zum **Silbersee** folgen. Einst Teil eines Steinbruchs, bietet sich dieser nun idyllisch gelegene See für eine kleine Rast an. Wir folgen dem Stadtwanderweg weiter in entgegengesetzter Richtung bergab, gelangen zur Rosentalgasse, die wir queren, um in den **Dehnepark** zu gelangen. Seinen Namen hat dieser vom Hofzuckerbäcker August Dehne, einem der ehemaligen Besitzer der Anlage. Wir folgen dem Rosenbach. Wer Bärlauch mag, wird hier im zeitigen Frühling fündig.

Dort, wo **Bärlauch** *(Allium ursinum)* wächst, ist der Boden meist nährstoffreich, tiefgründig und feucht. In schattigen Laubwäldern bildet er an Bächen, wo das Erdreich gut mit Wasser versorgt ist, häufig ausgedehnte, teppichartige Bestände. Die elliptisch-lanzettlich geformten Blätter sitzen an einem kurzen Stiel und verströmen einen

Bärlauch *(Allium ursinum)*

starken, knoblauchartigen Geruch, der auf das Verwandtschaftsverhältnis zu Zwiebel und Knoblauch hinweist. Eine besondere Delikatesse stellen die geschlossenen Blütenknospen dar. In Öl oder Essig eingelegt sind sie eine schmackhafte heimische Alternative zu Kapernbeeren. Bärlauch hat eine glänzende Blattober- und eine matte Blattunterseite – im Unterschied zu Maiglöckchen und Herbstzeitlosen (→ S. 197), mit denen er fatalerweise manchmal verwechselt wird und deren hochgiftige Blätter auch an der Unterseite glänzen.

Am Teich vorbei gehen wir weiter den Bach entlang. Auf dem **Spielplatz** sind einige Bäume als Naturdenkmal (→ S. 111) ausgewiesen – neben einer Weihrauchzeder und einem Tulpenbaum fällt vor allem die mächtige Platane mit etwa dreißig Metern Kronendurchmesser beeindruckend auf.

Wir spazieren in Richtung Norden und gelangen zu einer Wiese mit alten Obstbäumen und einer künstlichen **Ruinenvilla.** Sie ist das einzige bis heute erhaltene Gebäude einer Vielzahl architektonischer Elemente im Dehnepark. Bauten wie diese diese Ruinenvilla waren ein wesentlicher Bestandteil des englischen Landschaftsgartens, in dessen Stil die Anlage gegen Ende des 18. Jahrhunderts für die Fürstin Maria Antoine Paar gestaltet wurde. Neben einem großzügigen Sommerhaus gab es unter anderem auch einen Tempel und eine Eremitage. Die Ruinenvilla war allerdings kein reiner Zierbau, sondern diente unter anderem als Orangerie und war mit Pflanzenbeeten ausgestattet, die vom Keller aus beheizt werden konnten. Die bewusst gewählte verfallene Optik des Gebäudes führte den Spaziergänger*innen ihre Vergänglichkeit vor Augen. Im Geiste der Romantik sollten Landschaft und Architektur die emotionale Ebene ansprechen – auch negative Gefühle wie Schauer und Furcht waren dabei erwünscht.

Der neue Gärtner zeigt seine Talente,
indem er seine Kunst verbirgt. *Horace Walpole*

Auch wenn es optisch zunächst nicht so wirken mag, wurden englische Landschaftsgärten ebenso akribisch geplant wie ihre barocken Vorgänger. Weiterhin lag auch ihrer Gestaltung der Gedanke zugrunde, dass die Natur der veredelnden Hand des Menschen bedurfte. Im Auge der Betrachter*in entsteht dennoch der Eindruck, sich in einer naturnahen Kulturlandschaft zu befinden: Wiesen, Wälder, pittoreske Baumgruppen und Teiche treten durch organisch gewundene Wege miteinander in Verbindung.

Die Hinwendung zur Ästhetik des englischen Landschaftsgartens war durchaus auch gesellschaftlicher und politischer Natur. Im England des 18. Jahrhunderts erwachte ein bislang in Europa einzigartiges Denken: Freiheit und Gleichheit vor dem Gesetz, Meinungs- und Pressefreiheit, religiöse Toleranz und die Stärkung der Wissenschaft waren Leitmotive dieser Zeit. Und so verwundert es nicht, dass auch die neue Form der Gartengestaltung dort ihren Ursprung fand. Der Feudalismus geriet auch auf dem Kontinent zunehmend in die Kritik, und damit einhergehend auch der absolutistische Barockgarten mit seiner geometrischen Strenge. In der künstlichen Gestaltung der Gärten, mit den in Form geschnittenen Hecken und Bäumen, sah man die Unterwerfung des Natürlichen – Symbole der Unterdrückung und Willkür. In Wien kam die Idee des Landschaftsgartens im Vergleich zu Westeuropa etwas verspätet an. Einige bestehende Gärten wurden anglisiert, andere neu geschaffen – so wie der Dehnepark. Unter wechselnden Eigentümer*innen veränderte sich die Anlage stark, gelangte nach dem Zweiten Weltkrieg in den Besitz der Stadt Wien und wurde 1973 der Öffentlichkeit zugänglich gemacht.

Direkt nach der Ruinenvilla wählen wir den rechten Pfad, der zuerst ein Stück bergauf führt. Bald können wir durch die Bäume die Mauern des Otto-Wagner-Spitals erkennen. Wir halten uns weiter rechts, queren die Straße und betreten durch ein Tor das Sanatoriumsgelände. Der Weg führt an den historischen Spitalsgebäuden vorbei. Bei erster Gelegenheit biegen wir links in den bewaldeten Bereich ein, um auf die **Steinhofgründe** zu gelangen. Das weitläufige, ländlich anmutende Areal ist eines der beliebtesten Naherholungsgebiete der Wiener*innen. In der Vergangenheit diente es einerseits der Selbstversorgung der Psychiatrischen Anstalt *Am Steinhof* und der Lungenheilstätte *Baumgartner Höhe* – neben Obst- und Gemüseanbau wurde auch Viehwirtschaft betrieben – andererseits stellte die Bewirtschaftung bis in die 1970er-Jahre eine Beschäftigungstherapie für die Patient*innen dar. Nur wenige Jahre später konnte dank einer Bürgerinitiative die Verbauung der Steinhofgründe verhindert werden. Wir erkunden das abwechslungsreiche Gelände nach Belieben: ausgedehnte, von Alleen durchzogene Wiesen wechseln mit lockeren Baumgruppen, bewaldeten Flecken und Obstgärten, deren Früchte der Allgemeinheit zur Verfügung stehen.

Seit 2005 ist der Wienerwald als UNESCO-Biosphärenpark ausgezeichnet. In den sogenannten Kernzonen wird die Vegetation vollständig sich selbst überlassen. So entstehen besonders vielfältige, ökologisch wertvolle Wälder, die in Zukunft die Unterschiede zwischen einem natürlich gewachsenen Wald und einem bewirtschafteten Forst sichtbar machen werden. Den hier wachsenden Gehölzen wird abseits wirtschaftlicher Überlegungen die Möglichkeit gegeben, ihr natürliches Lebensende zu finden. Ohne menschliche Eingriffe und unter günstigen Voraussetzungen erreichen viele Baumarten ein stattliches Alter: Buchen können 500, Eichen 900 und Linden sogar bis zu tausend Jahre alt werden.

Den insgesamt 37 Kernzonen des Biosphärenparks ist ihr Urwaldcharakter allerdings noch nicht wirklich anzumerken. Zu wenig Zeit ist seit Ende der Bewirtschaftung vergangen. Der **Kernzone Moosgraben** auf Wiener Stadtgebiet unweit dieser Wanderroute sieht man die Nutzungsaufgabe bereits am großen Totholzvorkommen an. Besonders stimmungsvoll sind die Bereiche entlang des Baches. Teils verlaufen Wege entlang der Grenze zwischen Schutzgebiet und bewirtschaftetem Wald. Die umsichtige und respektvolle Erkundung der Kernzone auf den noch vorhandenen, allerdings nicht mehr gewarteten Pfaden und abseits davon erfolgt auf eigene Gefahr. Wir empfehlen dazu einen gesonderten Ausflug, für den etwa die Busstationen Jubiläumswarte (52 B) oder Schottenwald (43 B) angefahren werden können.

Von der **Feuerwache** aus folgen wir kurz der Savoyenstraße und biegen bei nächster Gelegenheit links in den Wald ein. Wir gehen auf dem Pfad auf der linken Seite des Zaunes. Nach einem kurzen Wegstück entdecken wir mit Glück den **Rundtempel**, der sich hinter dem Zaun verbirgt, aber im Sommer oft völlig hinter dichtem Blattwerk verschwindet. Der mit ionischen Säulen und hohem Kuppeldach ausgestattete klassizistische Bau ist der Rest eines bedeutenden Stücks Gartenkunst. Hier wurde bereits vor der Schaffung des Dehneparks ein Flecken Wienerwald in einen englischen Landschaftsgarten umgemodelt. Wo sich heute das Schloss Wilhelminenberg befindet, ließ sich der russische Botschafter Fürst Galitzin ein kleines Lustschloss bauen. Bei der Gestaltung der dazugehörigen weitläufigen Gartenanlage folgte man nicht mehr dem barocken Diktat der strengen Linie und Symmetrie. Wie wir es schon vom Dehnepark kennen, erzeugten auch hier eingestreute architektonische Elemente den gewünschten Überraschungseffekt. Die künstlichen Römischen Ruinen, die heute nicht mehr existieren, werden von Franz Anton de Paula Gaheis atmosphärisch beschrieben: *„Man glaubt wirklich ehrwürdige Rudera des Alterthums vor sich zu sehen, wenn man die zerbrochenen Säulen, die eingestürzten Thorbögen, die herumliegenden, mit Moos bewachsenen Bruchstücke, und die auf dem Gemäuer wachsenden Pflanzen, denen man die pflegende Hand des Gärtners kaum anmerkt, erblickt.“*[31] Wer heute eine antikisierte Gartenruine sehen will, muss nur in den Schlosspark Schönbrunn gehen, wo das zerstörte Karthago nachempfunden wurde.

Gärten sind Kunstwerke, die sich der Kontrolle durch ihre Schöpfer entziehen.

Abderrazzak Benchaâbane

[31] Gaheis, 1794.

Ein 1790 zu Lebzeiten des Fürsten Galitzin angefertigter Stich von Kilian Ponheimer zeigt die künstlichen Ruinen – gleich daneben im Hintergrund ist der heute noch existierende Rundtempel zu erkennen

Die einst so bedeutende Gartenanlage am Wilhelminenberg ist mittlerweile wieder ganz zur Waldlandschaft geworden, der Rundtempel die letzte Erinnerung an sie. Sehr plastisch zeigt dieses Beispiel, dass ein gestalteter Garten nichts Statisches ist. Wie jedes lebendige System ist er Veränderungen unterworfen, entwickelt sich fortwährend weiter und geht früher oder später wieder ganz in Natur auf.

Wir gehen ein kurzes Stück parallel zur Johann-Staud-Straße und biegen dann rechts auf den Waldweg ein, der uns ins Herz des **Ottakringer Waldes** führt. Ein intensiver Duft nach Pilzen ist bei feuchtem Wetter wahrnehmbar, der Spaziergänger*innen bis zum Frost begleitet. Er verweist auf das fantastisch anmutende Zusammenspiel zwischen Baum und Pilz, das sich im Boden abspielt. Die sogenannte Mykorrhiza, das verbindende Glied zwischen beiden, ermöglicht dabei einen gewinnbringenden Austausch: Der Pilz schließt Nährstoffe im Boden auf und liefert sie an den Baum. Dieser versorgt ihn im Gegenzug mit Zucker aus der Photosynthese.

Der Weg führt weiter den Zaun entlang. An der Weggabelung lassen wir ihn rechter Hand liegen und wandern bergauf. Der Wald setzt sich hier hauptsächlich aus Eichen und Buchen zusammen. Dazwischen treffen wir auch auf die ein oder andere Vogelkirsche, die wir, solange sie noch jung ist, an ihrer grau-braunen Rinde mit charakteristischer horizontaler Ringelung erkennen. Im Alter wird die Rinde schwärzlich-grau und längsrissig.

Die Vogelkirsche *(Prunus avium)* begleitet den Menschen seit Jahrtausenden. Sie ist sozusagen die Mutter unserer heutigen Süßkirsche. Bevor in Mitteleuropa verschiedene Sorten der süßen, kultivierten Variante durch die Römer eingeführt wurden, sammelten Menschen die Früchte der wilden Form. Je nach Standort kann der schnellwüchsige und lichtbedürftige Baum bis zu hundert Jahre alt

Vogelkirsche
(Prunus avium)

werden und eine Höhe von rund dreißig Metern erreichen. Seine frühe und reiche Blüte, aber auch die kleinen, bittersüß schmeckenden Früchte machen ihn vor allem für Insekten und Vögel zu einer wertvollen Nahrungsquelle im Wald.

Die sich im Laufe unseres Spaziergangs verändernde Baumartenzusammensetzung spiegelt die klimatischen wie auch die geologischen Unterschiede des Terrains wider. Grob unterscheidet man den nördlichen Flysch- oder Sandsteinwienerwald vom Karbonat-Wienerwald, der von Süden her bei Kalksburg gerade noch in das Stadtgebiet reicht (→ S. 193). Die Hauptbaumart im Wienerwald ist die Rotbuche. In tieferen Lagen und auf warmen Hängen wird sie von der Hainbuche und variierenden Eichenarten abgelöst. Neben Feldulme, Esche und verschiedenen Ahornarten dominieren sie die Waldgesellschaften des Wiener Raums. Im südlichen Kalkwienerwald spielt die Schwarzföhre (→ S. 200) eine bedeutende Rolle. Forstwirtschaftliche Eingriffe in die natürliche Zusammensetzung der Baumarten gab es erst ab Mitte des 19. Jahrhunderts – so wurden etwa Fichte und Lärche gepflanzt. Davor hatte sich der Wienerwald weitgehend selbst verjüngt.

Die **Rotbuche** *(Fagus sylvatica)* hat heute im Wienerwald ihr natürliches Verbreitungsoptimum, ist allerdings erst relativ spät, vor rund 6000 Jahren, aus den eiszeitlichen Refugien des Südens in den Osten Österreichs eingewandert. Namensgebend ist die leicht rötliche Färbung des Holzes, wohingegen die beliebte Ziervarietät der Baumart mit dekorativem dunkelrotem Laub als Blutbuche (→ S. 119) bezeichnet wird.

Das harte Holz der Rotbuche ist als Brenn-, aber auch als Werkstoff sehr beliebt. Ihre Asche wurde in der Vergangenheit in der Glashüttenindustrie verwendet, lieferte den Rohstoff für die Herstellung von Waschlauge und war zudem auch Dünger. Mehl aus der Rinde des Baumes wurde zum Strecken des Brotteigs verwendet und sei-

Rotbuche *(Fagus sylvatica)*

ne Früchte, die Bucheckern, standen etwa als Öllieferant auf dem menschlichen Speisezettel. Vom Verzehr größerer roher Mengen ist jedoch abzuraten, da sie Fagin und Oxalsäure enthalten und dadurch leicht giftig sind.

Das alte Sprichwort „Buchen sollst du suchen, Eichen sollst du weichen“, wonach Buchen vor Blitzschlag schützen sollen, fußt leider auf einem Trugschluss. An Buchen finden sich lediglich keine sichtbaren Zeichen im Falle eines Blitzschlages: Regenwasser fließt die glatte, graue Rinde den Stamm hinunter. Über diesen Flüssigkeitsfilm werden Blitze in den Boden geleitet, ohne dabei optisch Spuren am Baum zu hinterlassen.

Wir gelangen zur **Kreuzeichenwiese**, die sich für eine kleine Rast anbietet. Im 18. Jahrhundert soll hier ein Waldmensch gelebt haben. Karl VI., den die Jagd häufig hierher führte, ließ den Mann mitnehmen, um ihn an ein zivilisiertes Leben zu gewöhnen. Dieser floh jedoch immer wieder zurück in die Einsamkeit des Waldes. In Vergangenheit und Gegenwart hören wir immer wieder von Menschen, die sich in Wälder zurückziehen. Dies hat eine lange Tradition, die im asketischen Mönchtum des europäischen Mittelalters wurzelt und durch die Strömung der Romantik beflügelt wurde. Vor allem bei deutschsprachigen Dichter*innen erscheint der Wald als Sehnsuchtsort, ist Sinnbild des Ewigen – ganz im Gegensatz zur Vergänglichkeit des Menschen. Er bietet die Möglichkeit der Rückkehr zum Ursprünglichen. Ob religiöse Askese, romantische Naturverklärung oder Eigenbrötlertum – das Leben im Wald war immer auch mit einer bewussten oder erzwungenen Abkehr von der Gesellschaft verbunden.

Den Hang bergab geht es nun weiter zum Wiesenrand und dann im Wald auf weiß-grüner Markierung in Richtung Neuwaldegg. Nach teils ausgedehnten Schlägerungen finden wir hier zum Zeitpunkt unseres Spazierganges neben vielen krautigen Pflanzen wie Beifuß und Nelkenwurz vorwiegend Brombeergestrüpp und die sich dem Licht entgegenrankende Waldrebe. Einzelne noch recht junge Bäume und Holunderbüsche säumen den Weg.

In Sukzession begriffene Waldschläge wie dieser sind vom Menschen geschaffene Lebensräume. Vergleichbares kann man in der unberührten Natur nur dort finden, wo Baumbestände etwa Erdrutschungen oder Windwurf zum Opfer gefallen sind. Typisch für solche Standorte ist ihre Veränderlichkeit. Wo es vorher schattig war, gibt es nun Licht im Überangebot. Für die Samen der Königskerze (→ S. 188) etwa, die im Boden vielleicht schon Jahrzehnte oder Jahrhunderte auf ihre Gelegenheit warten, ist nun der passende Zeitpunkt zum Keimen gekommen. Auf einjährige und zweijährige Arten folgen ausdauernde Stauden und strauchig wachsende Pflanzen, denen von rasch heranwachsenden Pioniergehölzen und schließlich von langlebigen Baumarten wieder das Licht als Existenzgrundlage genommen wird.

Bis sich durch natürliche Sukzession ein wirtschaftsfähiger Wald etabliert, vergeht weit mehr Zeit, als ein Menschenleben umspannt. Forstwirt*innen greifen bewusst ein, um die mannigfaltigen Funktionen des Waldes als Sauerstoffproduzent, Erholungs- und Lebensraum, primär aber als Lieferant des nachwachsenden Rohstoffs Holz zu erhalten. Durch gezieltes Pflanzen bestimmter Baumarten wird teils Einfluss auf die Zusammensetzung des zukünftigen Waldes genommen. Im Idealfall verjüngt sich dieser jedoch auf natürliche Art selbst. In Anpassung an die aktuell rasch vorangehenden klimatischen Veränderungen werden bewusst Baumarten gefördert, von denen man sich eine gewisse Resilienz im Hinblick auf die steigenden Herausforderungen verspricht: Bei der Durchforstung werden konkurrierende Bäume entfernt. Die sogenannten *Zukunftsbäume*, so etwa verschiedene Eichenarten, können dadurch einen optimalen Kronendurchmesser entwickeln und einen zukunftsfähigen Wald bilden.

Wir gelangen auf den Gipfel des **Heubergs** und wandern dann bergab immer auf grün-weißer Markierung – durch jugendliche Baumbestände, aber auch unter mächtigen Buchen, die eine hallenartige Atmosphäre erzeugen. Wir gelangen an die Kante des Hanges und gehen weiter bergab. Nun, gegen Ende unseres Spazierganges, verändert der Wald erneut seinen Charakter, wird dichter und mit jedem Schritt heterogener.

Am Talboden angekommen, spazieren wir rechter Hand über die Schwarzenbergallee und die Waldegghofgasse zur **Straßenbahnhaltestelle Neuwaldegg.** Unser Weg führt uns dabei am gleichnamigen Schloss vorbei. Stellvertretend steht es für die vielen Gartenschlösser, die während der Habsburgerzeit rund um Wien entstanden sind. Ein regelrechter Bauboom setzte nach der Zweiten Osmanischen Belagerung ein, nachdem die Osmanen weit auf den Balkan zurückgedrängt worden waren und somit keine unmittelbare Gefahr mehr darstellten. Das setzte nicht nur finanzielle Mittel frei, sondern erzeugte auch ein Gefühl der Si-

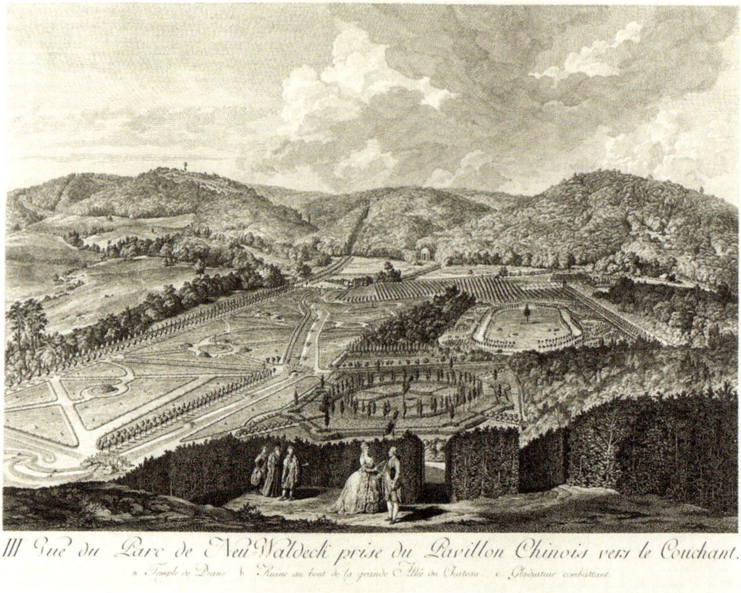

Blick auf den Schwarzenbergpark um 1782 mit im Unterschied zu heute stark ausgestalteten Teilbereichen, Kupferstich von Jakob Schmutzer und Werkstatt

cherheit. Der Bauwut der adeligen Gesellschaft in den Vorstädten fielen dabei großflächig landwirtschaftlich genutzte Flächen zum Opfer, die Wien über viele Jahrhunderte hinweg mit frischen Nahrungsmitteln versorgt hatten – ein Phänomen, das sich durchaus auch auf die heutige Zeit übertragen lässt.

Wenden wir uns auf der Schwarzenbergallee stadtauswärts, führt uns diese in den beeindruckenden, rund achtzig Hektar umfassenden **Schwarzenbergpark.** Dessen Besuch lohnt schon alleine deshalb, weil auch hier der fließende Übergang zwischen Landschaftsgarten und Wald augenscheinlich ist. Für eine ausgiebige Erkundung sollte man sich entsprechend Zeit nehmen, weshalb wir einen gesonderten Ausflug empfehlen.

Ein Glück, dass dieses bei den Wiener*innen so beliebte Naherholungsgebiet heute der Öffentlichkeit zugänglich ist. Relativ spät, erst

1957, kam es in den Besitz der Stadt Wien und wurde im Zuge dessen für die Allgemeinheit erschlossen. Einst war das heutige Parkgelände Teil des weitläufigen Anwesens rund um das Schloss Neuwaldegg. In der ursprünglich von Wiesen und Auwald geprägten Talmulde des Alserbaches unter großem Aufwand angelegt, war es damals Österreichs erster und Europas größter Landschaftspark. Einst wechselten in dieser Anlage spätbarocke, streng geometrisch bepflanzte Abschnitte mit malerisch-asymmetrischen Zonen ganz im Stil des englischen Landschaftsgartens. Neben ausgedehnten Promenaden, üppigen Blumenbeeten, künstlichen Wasserfällen, zahlreichen Brücken, Skulpturen und Springbrunnen fanden sich auch Pavillons, Lauben und Tempel.

Die Erhaltung des Parks konnte von nachfolgenden Besitzer*innen nicht vollständig finanziell getragen werden, und so hat der Wienerwald bereits weite Flächen des Geländes zurückerobert. Dennoch erinnern einige Elemente an die ursprüngliche Gestaltung: die großzügige Raumkomposition, die lange Allee mit den beiden markanten Obelisken, einige Figuren am Wiesenrand oder aber die klassizistische Grabkapelle des Grafen Lacy, der den Garten im 18. Jahrhundert anlegen ließ. Ein kleiner Rest erhalten gebliebener Baukunst aus der Blütezeit des englischen Landschaftsgartens lässt sich entdecken, wenn wir das von Wiesen geprägte Gelände in nordwestlicher Richtung verlassen. Auf abwechslungsreichen Pfaden bergauf kommen wir zum **Hameau,** dem höchsten Punkt des Parks. Auf einer Lichtung steht eines von ursprünglich 17 Gebäuden, die im Stil eines holländischen Dorfidylls zur Unterbringung herrschaftlicher Gäste errichtet wurden. Von dort aus lässt es sich durchwegs auf Waldpfaden weiter in Richtung Salmannsdorf wandern.

AUWALD, HEISSLÄNDE UND ACKERRAND

DURCH DIE LOBAU

LÄNGE, DAUER UND CHARAKTERISTIK:
7 km, ca. 4 Stunden
Einfache Wanderung auf ebenen Wegen. Es empfiehlt sich gutes Schuhwerk, die Mitnahme von ausreichend Trinkwasser und eventuell Insektenschutz. Überwiegend gehen wir im Baumschatten, teilweise durchwandern wir auch offene Bereiche, wo es im Sommer sehr heiß werden kann.

Diese Wanderung führt uns in die Lobau, ein Naturreservat am Rande der Stadt, dessen Vielfalt an Lebensräumen die Grundlage für eine überraschend große Diversität an Tier- und Pflanzenarten bildet. Die ausgedehnten Auwald-Bestände der Lobau sind innerhalb der Stadt einzigartig. Stellenweise entsteht hier noch der Eindruck, wir befänden uns in einer vom Menschen wenig beeinflussten Naturlandschaft. Trotz ihrer Wildnishaftigkeit handelt es sich um eine Kulturlandschaft, die menschlichen Bedürfnissen angepasst wurde. Mit Blick auf die Dichte an botanischen Kostbarkeiten, die uns hier begegnen, stellt sie dennoch einen Höhepunkt unter unseren Erkundungen dar. Besonders reizvoll ist diese Wanderung zur Orchideenblüte im April und Mai.

Unsere Wanderung beginnt an der Busstation **Lobgrundstraße** (52B). Bevor wir uns dem Auwald zuwenden, werfen wir noch einen Blick auf die Neue Donau und die Donauinsel, hinter der sich der Hauptstrom befindet. Im Laufe der Zeit hat sich die Flusslandschaft stark verändert. Nach der Wiener Pforte, dem Donaudurchbruch zwischen Leopoldsberg und Bisamberg, erstreckte sich einst ein breiter Gürtel aus Auwald und Donaugeschiebe rund um die fünf Hauptarme und unzähligen Seitenarme des unregulierten Stroms. Die Donau bildete im Osten Wiens eine natürliche Grenze, die bereits die Römer für den Schutz ihres Militärlagers zu ihrem Vorteil nutzten. Doch der Fluss barg zugleich eine konstante Überschwemmungsgefahr und erschwerte die Ausdehnung der wachsenden Stadt. Nach zwei folgenschweren Hochwasserkatastrophen wurde die Donau in den 1870er-Jahren ab Nussdorf in ihr bis heute bestehendes, künstlich geschaffenes Flussbett umgeleitet. Hundert Jahre später schuf man zum erweiterten Hochwasserschutz das Entlastungsgerinne, das heute unter dem Namen Neue Donau bekannt ist, und die Donauinsel als Inundationsgebiet. Das beliebte Naherholungsgebiet der Wiener*innen kann somit bei Bedarf geflutet werden. Die Regulierungen erschlossen weite Teile des Stadtgebietes für die Bebauung. Der Donau wurde jedoch dadurch ihre Wildflussdynamik genommen. Sie ist die Lebensader des Auwaldes, denn Überschwemmungen und die daraus resultierenden Veränderungen sind zentrale Voraussetzungen für das Bestehen dieses Ökosystems. Die zerstörerische Kraft des Wassers schuf kontinuierlich offene Standorte für eine Neubesiedelung mit Pflanzen: Strauchigen Weiden folgten baumförmig wachsende Weiden- und Pappelarten, die Jahrzehnte, manchmal Jahrhunderte gediehen, bis sich das Spiel von Zerstörung und Wandel wiederholte.

Wir queren die Raffineriestraße und gehen in Richtung Auwald. Von der **Brücke** aus, die über die Gleise führt, erblicken wir das Öl-Zentraltanklager, das dem Randbereich der Lobau ein industrielles Flair verleiht. Unsere heutige Wanderung führt uns zwar nicht dorthin, dennoch wollen wir ein historisches Großprojekt beim Ölhafen nicht unerwähnt lassen. Nicht weit von hier führt ein künstlich gegrabenes Kanalstück in Richtung Großenzersdorf. Es ist jedoch nur bescheidene vier Kilometer lang und vierzig Meter breit und gleicht somit eher einer Sackgasse. Heute sind die Ufer großteils zugewachsen, Badefreudige finden geeignete Stellen, das

Das bis zu fünf Kilometer breite Auengebiet der Donau bei Wien umfasste zahlreiche schmale und breite Nebenarme, die bis zur Regulierung des Stroms immer wieder ihren Verlauf änderten; Antonius Hauser, 1760

kühle Nass zu genießen. Die wenigsten wissen, dass hier einst mit dem Bau einer Wasserstraße gigantischen Ausmaßes begonnen wurde. Der Bau des Donau-Oder-Elbe-Kanals sollte es Frachtschiffen ermöglichen, über die drei Ströme in das Schwarze Meer sowie in die Ost- und Nordsee zu gelangen. Die mehrere hundert Jahre alte Idee wurde von den Nationalsozialisten begeistert aufgegriffen – Zwangsarbeiter*innen gruben das Anfangsstück. In den Wirren des Krieges kam das Unternehmen jedoch zum Erliegen. Nun wird es wieder diskutiert. Nicht nur dieses Projekt hätte drastische Auswirkungen auf die Ökologie des Auwaldes an der Donau – auch die Untertunnelung der Lobau für die Außenring-Schnellstraße S1 hätte schwerwiegende Folgen für den Nationalpark Donauauen.

Gleich nach der Brücke links führt uns ein schmaler Fußpfad zum Naturschutzgebiet. Wir queren überwucherte Gleisanlagen und gelangen zu einer Wegkreuzung, wo wir den zweiten nach links führenden Weg Richtung Nordwesten wählen, um zur Panozzalacke zu gelangen. Die ersten mächtigen Silber- und Schwarzpappeln tauchen auf und künden den Auwald an. Von nun an begleitet uns die typische Akustik ihres Blätterraschelns, das bereits bei leichtem Wind einsetzt. Wir finden hier auch botanische Neubürger wie Robinie und Götterbaum, die, ehe sie als Neophyten in Verruf gerieten (→ S. 31), in der Lobau ganz bewusst angesiedelt und forstlich genutzt wurden.

Die **Silberpappel** *(Populus alba)* ist ein vor allem im Alter auffälliger Baum, der bis zu 45 Meter hoch werden und mehrere Meter Stammumfang erreichen kann. Ihre lockere Krone wächst häufig asymmetrisch überhängend. Die Borke jugendlicher Bäume ist weißgrau, glatt und zeigt rautenförmige Korkwarzen. Bei älteren Bäumen wird sie dunkelgrau und tief längsgefurcht. Je nach Alter und Wuchsort können die Blätter im Aussehen etwas variieren, sind jedoch meist drei- bis fünfteilig und an der Unterseite weiß- oder graufilzig behaart. Dieser samtigen Behaarung verdankt die Silberpappel auch

Silberpappel
(Populus alba)

ihren deutschen Namen. An klaren Herbsttagen kontrastiert ihr leuchtend gelb gefärbtes Laub mit dem Blau des Himmels. Die Silberpappel reagiert sensibel auf Trockenheit und favorisiert daher feucht-frische Standorte. Sie ist eine typische flussbegleitende Pionierart, die ihre natürliche Altersgrenze mit rund 400 Jahren erreicht. Der Name des Simmeringer Bezirksteils Albern geht übrigens auf die Silberpappel – *Populus alba* – zurück, die vor der weitgehenden Bebauung des Areals auch in dieser Gegend wuchs.

Wir passieren einen von insgesamt sechs **Gedenksteinen,** die an Napoleons Bezug zur Lobau erinnern. Hier hatte er 1809 sein Hauptlager aufgeschlagen, als die österreichische Armee unter Erzherzog Carl ihren Kampf gegen die französische Armee austrug. Auch wenn der Franzose schlussendlich den Krieg für sich entschied: In der Schlacht bei Aspern konnte der österreichische Erzherzog der bis dahin ungebrochenen Serie an Siegen Napoleons ein vorläufiges Ende setzen. Napoleon ließ als kluger Militärstratege übrigens entlang wichtiger Marschrouten seiner Truppen Pappel- und Platanenalleen anglegen. Die Bäume sollten den Soldaten Schatten spenden und die Orientierung erleichtern. Trotz der Schnellwüchsigkeit der Pappel war schlussendlich wohl nicht mehr Napoleon der Nutznießer dieser Pflanzungen. Zu kurz war die Karriere des ehrgeizigen Heerführers.

Bald macht rechter Hand der Auwald einer weitläufigen **Lagerwiese** Platz. Da sie dem Lagern, also dem Rasten, aber auch anderen Freizeitaktivitäten der Besucher*innen dient, wird sie häufig gemäht. Bunt blühende Wiesenpflanzen kommen damit nicht zurecht – die Artenzusammensetzung der Fläche verändert sich, wird gräserbetont und verhältnismäßig eintönig.

Bald darauf gelangen wir zu **Panozzalacke.** Wir gehen an der Imbissbude vorbei und machen einen Abstecher an den Rand des Gewässers. Die Nähe des Ölhafens ist wochentags hier am Geräuschpegel der vorbeifahrenden Lkws spürbar. An Wochenenden ist es durchaus idyllisch, wenn wir uns im feinen Schotter des

Uferbereichs niederlassen und gelbe Schwertlilienblüten im frühen Sommer vom anderen Ufer zu uns herüberleuchten.

Der Weg führt uns nun weiter in Richtung Norden entlang des **Fasangarten-Arms**, ein Stück auf der Route des Rundwegs Panozzalacke. Im Unterwuchs begegnen wir Pflanzen wie Hohlzahn, Salomonssiegel, Steinsame, Kleinblütigem Springkraut oder Goldrute. Im Juli überragen uns die lila Blütenstände der Großen Klette und verschiedener Distelarten, die gerne von Schmetterlingen und Wildbienen besucht werden. Waldrebe rankt sich an Bäumen hoch und durchzieht teilweise armdick ihr Astwerk. Sie lassen uns an die Lianen des tropischen Regenwaldes denken und streichen die urwaldhafte Atmosphäre noch stärker hervor. Hier wachsen besonders viele Silberpappeln – dickstämmige alte, schlanke junge sowie jede Menge Sämlinge.

Bald tauchen einzelne mächtige Kastanienbäume auf und künden die Allee an, zu der wir gelangen, wenn wir uns an der Weggabelung rechts halten. Von nun an folgen wir der orangefarbenen Beschilderung des Naturlehrpfades. Die **Kastanienallee** wurde gepflanzt, um dem Wild Futter und Jagdgesellschaften Schatten zu spenden. Sicherlich ist es zu einem Teil der Jagdleidenschaft des Adels zu verdanken, dass die Lobau bis heute relativ ursprünglich erscheint. Geraume Zeit war sie Teil des Gutes Ebersdorf, gelangte Ende des 15. Jahrhunderts in den Besitz Maximilians I. und wurde zu einer beliebten Sommerresidenz, die für die Jagd genutzt wurde. Erst 1926 machte man die Lobau der Allgemeinheit zugänglich, nachdem ein Großteil des Areals als Schenkung an die Stadt Wien gegangen war. Die Nationalsozialisten sperrten die Lobau und erklärten sie zum Reichsjagdgebiet. Besonderes Ziel war die *Aufartung* der Rothirsche, um die stärksten Hirsche Europas heranzuzüchten. Selektive Abschüsse schwächerer Tiere und eine großzügige Fütterung, unter anderem mit nahrhaften Kastanien (→ S. 72), sollten zum gewünschten Ergebnis führen.

Bald nach dem Ende der Allee stoßen wir abermals auf eine pappelgesäumte **Lagerwiese** mit einigen schattenspendenden Eichen, die sich als Picknickplatz anbietet. Nach der Wiese biegen wir links in einen bewaldeten Bereich ein. Girsch und Glaskraut prägen das Unterholz und weisen ebenso wie Holunder auf einen Nährstoffreichtum des Bodens hin, der einst durch das regelmäßige Hochwasser entstanden ist. Dadurch sind die Schwemmböden der Augebiete für den Anbau von Gemüse prädestiniert. Kleinteilige Ackerfluren, sogenannte Krautgärten in der Au, vorwiegend im Raum des heutigen Simmering und Erdberg, gewährleisteten daher bereits seit geraumer Zeit die Nahversorgung Wiens mit Feldgemüse (→ S. 46).

Unkraut nennt man die Pflanzen,
deren Vorzüge noch nicht erkannt worden sind.

Ralph Waldo Emerson

Glaskraut
(Parietaria officinalis)

Das Glaskraut *(Parietaria officinalis)* ist eine mehrjährige krautige Art aus der Familie der Brennnesselgewächse. Aus den unscheinbaren kugeligen Blütenständen in den Blattachseln werden in der Reife kleine, schwarz glänzende Nüsschen, die durch den Wind, gerne aber auch von Ameisen verbreitet werden. Seinen Namen verdankt es der angeblichen früheren Nutzung zur Reinigung von Glas, vielleicht aber auch seinen glasigen, brüchigen Stängeln.

Der Weg mäandert nun zwischen baumbestandenen und offenen, landwirtschaftlich genutzten Flächen. Am Rande der biologisch bewirtschafteten Felder entdecken wir Ackerunkräuter oder Segetalpflanzen, wie sie wissenschaftlich genannt werden. Im Zuge der neolithischen Revolution, in deren Verlauf der Ackerbau erfunden wurde, gingen diese Pflanzen eine Beziehung zum Menschen ein. Ähnlich wie bei den Ruderalpflanzen (→ S. 26) durch das jahrtausendelange Wechselspiel mit dem Menschen geformt, kann man sie sozusagen als Kinder der Landwirtschaft bezeichnen. Die meisten von ihnen sind nicht, wie häufig angenommen, ureinheimisch, sondern im Schlepptau des Getreides aus dem Nahen Osten und dem Mittelmeerraum eingewandert. Diese im allgemeinen Sprachgebrauch als Unkraut bezeichneten Pflanzen stellen häufig die Lebensgrundlage zahlreicher Tiere, vor allem vieler Insekten dar. Sie dienen ihnen als Nahrung, Winterquartier und zur Eiablage – können häufig aber auch vom Menschen genutzt werden. Das Wissen um ihre nährenden und heilenden Qualitäten ist nur kaum mehr präsent. Als wir im frühen Sommer hier unterwegs waren, leuchteten in der wogenden Gerste die blauen Blüten der Kornblumen und die hellroten des Klatschmohns. Einige Wochen später, nach dem Drusch, taucht der zart lilafarbene Ackerrittersporn zwischen den Getreidestoppeln auf. In der modernen, aufgeräumten Agrarlandschaft sind solche Anblicke selten geworden. Überbordende Düngung und der großzügige Einsatz von Herbiziden etwa wirken sich nachteilig auf die Ackerbegleitflora aus. Auch am nahen Gehölzrand lässt sich so einiges entdecken: Neben Allerweltspflanzen wie der Mäusegerste findet sich hier auch die im späten Frühling leuchtend gelb blühende Osterluzei, der man nicht ganz so häufig begegnet. Beide Pflanzen stammen aus dem Mittelmeerraum und konnten sich im Laufe der Zeit vermutlich wegen des wärmer werdenden Klimas auch im Wiener Raum ansiedeln. Letztgenannte verfügt über ein spannendes anatomisches Detail: Im Inneren der zwittrigen Blüten führt eine mit Härchen besetzte Röhre zu einer kesselförmigen Ausbuchtung – eine ausgeklügelte Falle für Insekten. Sie dient jedoch nicht dazu, die Tiere zu vertilgen, sondern diese nur so lange festzuhalten, bis die Narbe bestäubt ist. Ist dies geschehen, erschlaffen die Härchen und das mit Pollen bedeckte Insekt kann zur nächsten Blüte weiterziehen.

An der Kreuzung biegen wir links ab und gehen weiter auf dem Naturlehrpfad entlang des Mühlwassers. Zwischenzeitlich gelangen wir in einen etwas tiefer gelegenen, bewaldeten Bereich, einen trocken gefallenen Altarm der Donau. Danach treten wir aus dem Schatten und blicken auf ein in Sukzession begriffenes Wiesengelände, an dessen Rändern sich zahlreiche Pappel- und Götterbaumsämlinge finden. Besonders auffällig sind hier die ausgedehnten Bestände verschiedener Königskerzenarten. Im ersten Jahr bilden die Pflanzen nur eine Blattrosette aus. Hellgelb blühen bereits jene, die sich im zweiten Lebensjahr befinden. Daneben finden wir auch die markanten, teilweise weit über den Gräserhorizont hinausragenden vertrockneten Blütenständen des Vorjahres. Manche Pflanzenarten verwahren ihre Keimlinge in unglaublich widerstandsfähigen und überraschend langlebigen Samen. Betrachtet man die winzigen, sandkorngroßen der Königskerzen, glaubt man kaum, dass diese bis zu 850 Jahre lang ihre Keimfähigkeit bewahren. Im Erdreich schlummernd warten sie auf ihren großen Auftritt.

Durch den Baumgürtel rechter Hand schimmert nun immer wieder das **Mühlwasser** durch. Über schmale Pfade können wir einen Blick auf das Gewässer werfen und auch auf die großen, herzförmigen Schwimmblätter der Gelben Teichrose. Ihre stärkereichen Rhizome wurden in Notzeiten als Nahrungsmittel genutzt. Getrocknet und gemahlen mischte man sie dem Getreidemehl zum Brotbacken bei. Sie blüht ab Juni Seite an Seite mit der Weißen Seerose, die erst im letzten Jahrhundert hier angesiedelt wurde.

Auf der Höhe des Steges am Mühlwasser verlassen wir den Hauptweg und folgen einem schmalen Trampelpfad in Richtung Süden, um einen näheren Blick auf die Heißländen des **Fuchs**- und des **Herrenhäufels** werfen zu können. Hierbei handelt es sich um Trockenstandorte inmitten des feuchten Auwalds. Im April und Mai sind diese Flächen besonders eindrucksvoll mit ihrer überraschenden Fülle an bunt blühenden Pflanzen: Steppen- und Zypressen-Wolfsmilch, Milchstern, Wiesensalbei und Sonnenröschen leuchten uns farbkräftig entgegen. Vor allem bezaubern die zahlreichen Orchideenarten mit ihren anmutigen Blüten. Das Grün der Gräser ist hier nur von kurzer Dauer. Wegen mangelnder Wasserversorgung wird es bald abgelöst von sandigen Schattierungen. Dazwischen breitet sich, teppichartig wachsend, duftender Thymian aus.

Unter den Orchideen sind verschiedene Knabenkrautarten besonders gut auf den Lobauer Heißländen vertreten. Ihren Namen verdanken sie der an Hoden erinnernden Form ihrer Knollen, die im Mittelalter genau deshalb als Aphrodisiakum Anwendung fanden. Neben dem Helmknabenkraut treffen wir in der Lobau etwa auch auf das zierliche **Brandknabenkraut** *(Neotinea ustulata):* die bläulichgrünen Laubblätter dieser Art bilden am Grund Rosetten, die häufig in Büscheln auftreten. Auffällig ist der walzenförmige Blütenstand, der sich aus unzähligen kleinen Einzelblüten zusammensetzt. Bei genauerem Hinsehen erfasst man deren faszinierende Färbung im Detail: ein kugeliger Helm in dunklem Purpur stülpt sich über die dreilappige weiße, meist rosa gepunktete Lippe. Früher wurde diese Art der Gattung *Dactylorhiza* zugeordnet – die Systematik mit ihrer Einteilung von Pflanzen in Familien, Gattungen und Arten ist ein

Brandknabenkraut
(Neotinea ustulata)

menschengemachtes Alphabet der Flora, ein Hilfsmittel, um Überschaubarkeit in die komplexe, ständig in Veränderung begriffene Formenvielfalt des Lebendigen zu bringen.

Bevor die Donau reguliert wurde, setzte sie regelmäßig große Schottermengen ab, die durch Sandablagerungen zusätzlich an Höhe gewannen. Auf diesen Sonderstandorten läuft die Sukzession deutlich verlangsamt ab – Baumwurzeln können hier kein Wasser erreichen. Auch andere typische Aupflanzen kommen mit den extremen, trocken-heißen Bedingungen und der dünnen, teilweise fehlenden Humusauflage, die kaum Wasser speichern kann, nicht zurecht. So entstehen inmitten des Auwaldes baumlose Trockenrasen. Durch das Absterben von jenen Pflanzen, die sich dennoch an diesem unwirtlichen Standort wohlfühlen, bildet sich allmählich eine Humusschicht. Sobald genügend Wasser gespeichert werden kann, breiten sich Sträucher wie Weißdorn oder Berberitze aus und die Heißlände wandelt sich graduierlich zur Buschlandschaft. Um diese baumlosen, artenreichen Trockenstandorte, wie wir sie hier durchwandern, zu erhalten, sind Pflegemaßnahmen erforderlich. Sie müssen gemäht oder beweidet werden. Diese menschlichen Eingriffe versuchen die verlorengegangene Wildflussdynamik ein Stück weit zu ersetzen, die in der Vergangenheit dafür sorgte, dass kontinuierlich neue Trockenstandorte entstanden.

Bevor wir den **Josefsteg** betreten, heißt es nun aufmerksam sein, denn an der Kreuzung links haben wir die Möglichkeit, eine echte botanische Seltenheit zu bestaunen: An einem alten, dickstämmigen Weißdorn rankt sich eine Wilde Weinrebe (→ S. 16) hinauf. Nur mehr wenige Individuen dieser hochgefährdeten Art, die bereits in prähistorischer Zeit als Wildobst genutzt wurde, finden sich in der Lobau. Vom Steg aus schließlich erhalten wir einen spannenden Blick auf die Flora und Fauna des Tischwassers. Mitunter können wir hier die gefährdete Europäische Sumpfschildkröte entdecken, von der es in Österreich nur mehr eine überschaubare Population gibt. Im Wasser, zwischen den entspannten

Reptilien, setzt im Sommer der blühende Wasserschlauch zarte, gelbe Akzente. Er zählt zu den fleischfressende Pflanzen.

Wir verlassen den Steg und gehen geradeaus, der Beschilderung des Naturlehrpfades folgend, weiter durch dichten Auwald in Richtung **Dechantlacke** und wählen dann nach eigenem Belieben einen der Wege, die das Gewässer umrunden. Immer wieder führen schmale Pfade in seerosenbesetzte Badebuchten, die bis heute bei Anhänger*innen der Freikörperkultur sehr beliebt sind. Nicht nur Badepublikum zieht es seit langem in die Lobau. In schlechten Zeiten trieben Nahrungs- und Brennholzmangel so manche Wiener*innen notgedrungen hierher. Die Menschen lebten in einfachen, selbstgezimmerten Verschlägen und zogen in bescheidenem Ausmaß ihr eigenes Gemüse. Solche „wilden Siedlungen" fand man ab dem Ende des Ersten Weltkriegs in weiten Teilen Wiens – vor allem am Rand des Wienerwalds und um die Donau. Die Lobau war zudem auch Anlaufstelle für politisch Verfolgte: Anarchist*innen, Okkultist*innen und Lebensreformer*innen. Einer dieser eigenwilligen Charaktere war Peter Waller, der selbsternannte Messias der Lobau. In den Zwanziger- und Dreißigerjahren des vorigen Jahrhunderts konnte er in der Abgeschiedenheit der Auenlandschaft eine durchaus große Anhängerschaft um sich scharen.

Im **Nationalparkhaus**, dem Endpunkt unserer Wanderung, können wir weiteres Wissenswertes über die Lobau erfahren und erhalten Informationen zu geführten Wanderungen, einige davon mit botanischem Schwerpunkt. Nicht weit davon entfernt befindet sich die Bushaltestelle Raffineriestraße/Biberhaufenweg, von der wir wieder langsam von der urwaldhaften Wildnis in unsere urbane Wirklichkeit zurückfinden.

BACHSAUM, WIESE UND TROCKENWALD

VON RODAUN ENTLANG DER LIESING INS GÜTENBACHTAL UND ZUR HIMMELSWIESE

LÄNGE, DAUER UND CHARAKTERISTIK:
8,3 km, 4 bis 5 Stunden
In den Frühlingsmonaten und im zeitigen Sommer, wenn viele Wiesenpflanzen blühen, ist diese etwas anspruchsvollere Wanderung besonders reizvoll.
Wir gehen auf streckenweise leicht ansteigenden, teils unbefestigten Wegen anfangs im Schatten, im weiteren Verlauf auch auf exponierten, sommerheißen Stellen. An gutes Schuhwerk und ausreichend Trinkwasser denken.
Navigationsapps helfen speziell im Wald bei der Orientierung.

Renaturierte Bachläufe, vielgestaltige Wiesen und pannonisch gefärbte Wälder machen den Westrand des 23. Bezirks in botanischer Hinsicht zu einem lohnenden Ausflugsziel. Da wir uns im Grenzbereich zwischen Flysch- und Kalk-Wienerwald befinden, wartet das Gebiet mit einer besonderen Artenfülle auf. Die Himmelswiese auf dem Neuberg, die wir gegen Ende dieser Wanderung erreichen, gilt nicht nur als eine der schönsten Wiesen Wiens, sondern bietet auch einen wunderbaren Ausblick auf die Stadt und ihr Umland.

Rodaun, die Endstation der Straßenbahnlinie 60, ist der Ausgangspunkt dieser Wanderung. Einst ein beliebter Sommerfrischeort, war Rodaun als Naherholungsraum für die Wiener*innen von großer Bedeutung. Im kühlen Baumschatten gehen wir entlang der Dürren Liesing die Pfitznergasse hinauf bis zum Ambrosweg, wo wir links abbiegen und bald darauf über eine Brücke die Reiche

Liesing queren. Nun geht es weiter an ihrem renaturierten Bachbett den **Promenadeweg** entlang stromaufwärts.

Bis ins 15. Jahrhundert wurde das Gewässer weitgehend von Auwäldern begleitet. Das dem Slawischen entspringende *Liesing* weist noch darauf hin – es bedeutet „Waldbach". Rund 18 Kilometer fließt sie durch Wiener Stadtgebiet. Zwischen 1997 und 2016 wurde ein rund neun Kilometer langer Abschnitt renaturiert. Aktuell gestaltet man die zweite Hälfte naturnah um. Wie auch passagenweise bei anderen Bächen und Flüssen an den Rändern Wiens, geht man auch hier weg von dem Versuch, Gewässer zu stark zu kontrollieren. Anstatt hart verbauter, gepflasterter Flussbette entstehen kleine Buchten, Flachwasserbereiche, Sand- und Schotterbänke. Dem Bach wird der Platz geboten, den er benötigt, um sich frei zu entfalten. Das macht ihn resilienter gegenüber Starkwetterereignissen. Der naturnahe Gewässerrückbau bedeutet neben mehr Hochwassersicherheit auch eine Steigerung der Wasserqualität. Der Bachsaum wird als Lebenraum für eine Vielzahl von Tier- und Pflanzenarten aufgewertet. Auch von erholungssuchenden Anrainer*innen wird das Mehr an komponentenreichem Naturraum geschätzt.

Das grüne Band entlang der Liesing wird nur extensiv gepflegt, die natürliche Gewässerdynamik greift immer wieder gestaltend ein. Neben Weiden finden sich hier auch Erlen und Pappeln (→ S. 183). Im Frühsommer senkt sich der Pappelflaum langsam auf die Wasseroberfläche und sammelt sich schneegleich an den Wegrändern. Die auch als „heimische Baumwolle" bezeichneten Fasern bestehen aus Zellulose. Dem Baum helfen sie dabei, seine Samen über große Distanzen zu verbreiten: Die Fruchtkapseln öffnen sich noch an den Ästen und entlassen den Pappelflaum. An einem passenden Ort mit ausreichender Bodenfeuchte gelandet, quellen und keimen die Samen. Die feinen Fasern wurden früher in der Papierherstellung genutzt. Sie wärmen wie Daunen, haben ausgezeichnete feuchtigkeitsregulierende Eigenschaften und eignen sich deshalb als Füllung für Bettdecken. Manche Vogelarten verwenden sie gerne für den Nestbau.

Im Juni durchsetzen bunte Blumen die hüfthohen Gräser an der Böschung. Wildrose, Holunder und Kornelkirsche (→ S. 124) prägen die Strauchschicht am Wasser. Das Drüsige Springkraut, ein botanischer Neubürger (→ S. 31), der wegen seines Nektarreichtums bei Bienen sehr beliebt ist, blüht leuchtkräftig bis in den Herbst hinein in pinken Farbtönen. Der ebenfalls gebietsfremde Japanische Staudenknöterich bildet stellenweise dichte Bestände.

Gerne wächst der **Japanische Staudenknöterich** *(Fallopia japonica)*, der in Europa als Neophyt gilt, am Ufer von Bächen. Die rasch wuchernde, ausdauernde Pflanze mit den breit eiförmigen Blattspreiten vermehrt sich vegetativ sehr erfolgreich durch im Boden liegende Überdauerungsorgane. Die sich von Jahr zu Jahr stärker verzweigenden Rhizome reichen weit in das Erdreich hinein. Im Frühling treiben die bambusartigen Stängel aus, die unter günstigen Bedingungen unglaubliche zehn bis dreißig Zentimeter pro Tag wachsen und so innerhalb weniger Wochen eine Höhe von bis zu vier Metern erreichen können. Die Triebe neigen sich mit zunehmender Länge und beschatten den Boden. Das bringt die darunterliegende Vegetation zum Verschwinden. Beim ersten Frost sterben die oberirdischen Teile der Pflanze ab. Bei Starkniederschlägen kann in der Folge der nackte Oberboden zwischen den röhrigen Pflanzenresten großflächig abgespült werden, weshalb der Japanische Staudenknöterich mit seinen anderen Verwandten aus der Gattung der Flügelknöteriche selten gerne gesehen wird.

Der Japanische Staudenknöterich wurde in Europa gezielt als Futter- und Deckungspflanze für Wild eingeführt und erfreute sich auch als wüchsiger Sichtschutz lange Zeit großer Beliebtheit in Gärten. Die reiche Blüte der Pflanze im Frühherbst hat ebenfalls dazu beigetragen, dass Imker*innen sie weiter verbreiteten. In ihrer ostasiatischen Heimat wird die Wurzel der Pflanze medizinisch genutzt. Der Geschmack der frischen, jungen Sprossen erinnert an

Japanische Staudenknöterich *(Fallopia japonica)*

Rhabarber. Sie können als Gemüse zubereitet werden, lassen sich aber etwa auch zu Kompott oder Chutney verarbeiten. Vielleicht liegt ja in der kulinarischen Nutzung der Pflanze eine Möglichkeit, ihre Bestände zu regulieren.

Nach idyllisch gelegenen Schotterbänken am Bachufer, die sich als Picknickplatz anbieten, gelangen wir nun zu einem stärker verbauten Bachabschnitt. Die Qualitäten des renaturierten Bereiches treten angesichts des völlig anderen Charakters dieses Teils umso deutlicher hervor. Wir gehen am Kollegium Kalksburg vorbei und folgen schließlich entlang der Otto-Edelmann-Promenade dem beschaulichen Gütenbach. Unterhalb der Brücke queren wir die Straße und gelangen so ins **Gütenbachtal.** Der Weg führt unweit des Bachlaufes leicht bergauf in eine einzigartige Kulturlandschaft. Die artenreichen Wiesen, zunächst von Linden, später von Obstbäumen gesäumt, machen dieses Gebiet zu einem botanischen Kleinod auf Wiener Boden.

Im Frühsommer bietet sich hier die Gelegenheit, eine große Vielfalt an Wiesenblumen zu entdecken. In Abhängigkeit von Temperaturverlauf und Niederschlag stehen sie zwischen Mitte Mai und Mitte Juni vor der ersten Mahd farbenprächtig in Blüte. Bocksbart, Mädesüß, Wiesensalbei und Flockenblume sind nur eine kleine Auswahl. Der Wind zeichnet indes Wellenbewegungen in die Blütenstände der Gräser. Bei einem Spaziergang Anfang September liegt das frisch gemähte Heu duftend auf den Wiesen. Dazwischen schieben sich die blasslila Blüten der Herbstzeitlosen hindurch.

Die Herbstzeitlose *(Colchicum autumnale)* wächst gerne auf nährstoffreichen, feuchten Wiesen, unter Umständen aber auch an lichten Stellen im Auwald. Bärlauch wird dadurch immer wieder mit ihr verwechselt. Bei genauerem Hinsehen unterscheiden sich die Laubblätter des Wildgemüses (→ S. 166) aber doch deutlich von jenen der hochgiftigen Herbstzeitlose. Die leicht eingerollten, breit lanzettlichen Blätter der giftigen Pflanze treten ab Anfang April in Erscheinung. Über den Sommer hinweg lagert die Herbstzeitlose Reservestoffe ein, um im Herbst hübsche Blüten hervorzubringen, die stark jenen der Mitglieder aus der Krokus-Gattung (→ S. 89) ähneln.

Wiesen werden ein- bis mehrmals pro Jahr gemäht. Die erste Mahd erfolgt dabei üblicherweise nach der Hauptblüte der Gräser. Interessant mag der Gedanke erscheinen, dass die blühende Vielfalt, die wir heute hier im Gütenbachtal entdecken können, ohne das Zutun des Menschen wohl kaum existieren würde. Wiesenpflanzen stammen zum Teil aus recht unterschiedlichen Naturlebensräumen. Ihre große Formenvielfalt gewannen sie allerdings erst durch die menschliche Weide- und Mähwiesenwirtschaft der letzten Jahrtausende. Die Pflanzen passten sich an Mahd und Beweidung an: Bedingt durch selektiven Druck, entwickelten sie flach auf dem Boden aufliegende Blattstrukturen, Dornen und Stacheln oder gar scharf schmeckende, teils giftige Inhaltsstoffe. Besonders die artenreichen Magerwiesen trockener Standorte gehören heute zu den stark gefährdeten Lebensräumen. Sind sie prinzipiell waldfähig, beginnen sie bald nach Aufgabe der Bewirtschaftung zu verbuschen. Die Nutzung durch den Menschen bedingt ihre Entstehung und zugleich ihren Fortbestand. Andererseits gefährdet die Intensivierung von Wiesenflächen ihre Vielfalt: Je häufiger sie gemäht und je intensiver sie gedüngt werden, desto kleiner wird tendenziell ihr Artenspektrum.

Vielleicht hören wir beim Gehen die Schafe und Ziegen, die auf der anderen Seite des Baches grasen. Sie erinnern an die einst ausgedehnten Hutweiden, die in der Vergangenheit zum steppenartigen Erscheinungsbild der Landschaft im südlichen Wien beitrugen. Unter Aufsicht von Hirt*innen wurden dort die Tiere der ansässigen Bäuer*innen, aber auch große Herden aus anderen Regionen, die der Fleischversorgung der wachsenden Stadtbevölkerung dienten, gehalten. Für die Ernährung des Viehs wurde Heu in rauen Mengen, vorwiegend aus Ungarn, angeliefert und am Heumarkt gehandelt. Die Landschaft veränderte sich stark, als die überwiegende Stallhaltung propagiert wurde. Bis Mitte des 19. Jahrhunderts verschwanden im Umkreis Wiens mit Ausnahme kleiner Flächen, etwa auf dem Glacis, sämtliche Weiden. Schrittweise wurden diese in Weingärten und Äcker umgewandelt oder Fabriken und Betriebe auf ihnen angesiedelt.

Wagen wir jetzt noch einen größeren Schritt zurück in die Vergangenheit: Früher nahm man an, dass der Wiener Raum vor dem Wirken des Menschen geschlossen von Wald bedeckt war. Als wahrscheinlicher gilt mittlerweile das Bild einer mehr oder minder offenen Waldsteppe, ähnlich wie diese in ostafrikanischen Savannengebieten heute noch zu finden sind. Nach den Eiszeiten, bevor die Menschen durch Rodung offene Flächen schufen, haben vermutlich große Herden von Pflanzenfressern für baumfreie Zonen in der Waldlandschaft gesorgt: Auerochse, Wildpferd und Elch dürften neben heute noch heimischen Tieren wie Reh, Rothirsch

Die Ansicht der Stadt Wien von der Triester Straße (Jakob Alt, 1817) zeigt ausgedehnte Weideflächen mit schemenhaft angedeuteten verbuschte Zonen; Albertina

und Wildschwein gegrast haben. Für den pannonisch geprägten Teil des Wiener Raumes scheint diese Vorstellung besonders realistisch.

Bei der Infotafel begeben wir uns auf den Waldweg, der parallel zur Straße verläuft und schließlich bergauf in Richtung Nordosten. Dort bietet sich bald eine Sitzgarnitur für eine kurze Rast und einen schönen Blick auf die andere Talseite an, wo sich die ausgedehnte Eichwiese erstreckt. Sie ist das größte zusammenhängende Wiesengebiet in Wien.

Noch bis in die frühe Neuzeit bedeuteten baumlose Nutzlandschaften wie diese ein Stück Zivilisation und Kultur inmitten einer noch weitgehend wilden, als bedrohlich empfundenen Natur. Der Gedanke der wertvollen und schützenswerten Naturlandschaft entstand erst später, als sich die Städter*innen bereits der Wildnis entfremdet hatten – vielleicht bedienen manikürte Rasenflächen und getrimmte Hecken in unseren heutigen Gärten noch ein Gefühlsrelikt aus dieser Zeit.

Der Wiesenweg geht bald über in einen breiten Waldweg, der uns auf der Route des Stadtwanderweges Nummer 6 in Richtung

Antonshöhe führt. Wir gehen bergauf und passieren dabei einen Wasserspeicher mit dem Stadtwappen aus Zeiten der Monarchie. Im lichten **Maurerwald** begegnen uns auch mächtige Schwarzföhren. Mit ihnen verändert sich das Geruchsspektrum, es nimmt eine mediterrane Färbung an. Dieser Eindruck trügt nicht, liegt doch der eigentliche Verbreitungsschwerpunk der Baumart weiter im Süden. In dem Gebiet, in dem wir uns heute bewegen, befinden sich die nördlichsten natürlichen Vorkommen der Schwarzföhre. Verantwortlich für ihren unverkennbaren Duft sind die im Harz enthaltenen Terpene. Intensiv muss es hier gerochen haben, als bis Mitte des 20. Jahrhunderts das Föhrenharz gewonnen und zu Pech gesiedet wurde. Seit dem weitgehenden Ende der Nutzung dieses Pflanzenrohstoffes – dieser fand etwa in der Lack- oder Seifenherstellung Verwendung – ist die Koniferenart hier wirtschaftlich von untergeordnetem Interesse.

Die Schwarzföhre kommt gut mit windigen, nährstoffarmen, trockenen Standorten zurecht. Das Gestein des Kalkwienerwaldes, das gerade noch in das südliche Stadtgebiet hineinreicht, bietet genau diese Voraussetzungen. Als Pionierbaumart kann sich die Schwarzföhre im geschlossenen Wald nicht selbst verjüngen. Feuer ist daher für das Aufkommen junger Föhren essenziell. Sie wachsen da heran, wo Flammen zuvor konkurrierende Pflanzen und die Nadelschicht beseitigt haben. Auch der Mammutbaum (→ S. 130) und die Araukarie (→ S. 131) zählen zu den pyrophilen Arten, die sich an das Feuer als Umweltfaktor angepasst haben. Schwarzföhren erreichen ein Alter von vielen hundert Jahren. Die Kronen greiser Bäume auf flachgründigen Böden zeigen häufig charakteristischen Schirmwuchs. Aus Liebe der Wiener*innen zum Französischen werden diese *Schirmföhren* altwienerisch auch „Parapluieföhren" genannt.

Etwas abseits des Weges, nachdem wir innerhalb kurzer Zeit zwei Hinweisschilder des Stadtwanderweges passiert haben, entdecken wir eine **Bildeiche.** Kultisch als Heiligtum verehrt und vermutlich ähnlich gut besucht wie einst die *Breite Föhre,* finden sich unzäh-

Die Darstellung der *Breiten Föhre* von Ludwig Ferdinand Schnorr von Carolsfeld aus dem Jahr 1838, die tatsächlich in der Nähe von Mödling wuchs, liefert eine glaubhafte Darstellung der Landschaft rund um Wien; Belvedere

lige handgemachte Kreuze, Heiligenbilder und Andenken an geliebte Personen und Haustiere an ihrem Stamm. Bildbäume wie diesen gab es bereits in vorchristlicher Zeit.

Wir begeben uns wieder auf die Route des Standtwanderweges und treffen bald auf unebenes, von knorrig verwachsenen Eichen und Buchen überwuchertes Gelände auf der **Antonshöhe.** Hier betreten wir einen neolithischen Steinbruch und treffen somit auf die ältesten Spuren menschlicher Aktivität auf dem heutigen Stadtgebiet. Um 1930 wurden hier nach Sprengungen mehrere Schächte freigelegt, in denen vor rund 7000 Jahren Hornstein zur Erzeugung von Werkzeug, Klingen und Pfeilspitzen abgebaut wurde. Über zahlreiche schmale Pfade, die früher oder später wieder auf die Hauptroute zurückführen, lässt sich das Terrain erkunden. Vorsichtig steigen wir bis auf die tiefste Niveaustufe hinunter. Der lockersteinige Untergrund bietet dabei bei feuchtem Wetter wenig Halt. Alternativ kann das Gebiet daher auch am Hauptweg umrundet werden.

Wieder zurück auf dem Hauptpfad folgen wir nun der weiß-roten Markierung, um zur Todtenwiese zu gelangen. Im September blühen hier im Unterholz Zyklamen. Ebenfalls sehr farbkräftig erscheinen um diese Zeit die pinken Kapselfrüchte des giftigen Spindelstrauchs, aus denen sich leuchtend orange, ummantelte Samen schieben. Der volkstümlicher Name „Pfaffenhütchen" weist auf die Ähnlichkeit mit der Kopfbedeckung von katholischen Geistlichen hin. An frisch-feuchten Stellen entdecken wir Waldmeister, eine charakteristische Art der Eichen- und Hainbuchenwälder im Raum Wien.

Dunkelgrün ist das Laub des **Waldmeisters** *(Galium odoratum)* – im Gegensatz zu seinem Verwandten, dem Waldlabkraut mit bläulich-grünen Blättern. An kaum verzweigten, kantigen Stängeln erscheinen im April filigrane weiße Blütenstände. Die im Sommer reifenden Früchte sind mit hakigen Borsten besetzt. Sie bleiben leicht im Fell und Gefieder von Tieren sowie an der Kleidung vorbeistreifender Menschen hängen und werden so verbreitet. Der Waldmeister bildet allerdings auch unterirdisch kriechende Rhizome aus, durch die er sich vegetativ vermehren und teils großflächige Teppiche bilden kann. Das sternartig wirkende Blattwerk nimmt beim Trocknen eine papierene Beschaffenheit an. Dabei entwickelt es das typische Aroma – Cumarin ist dafür verantwortlich –, das die Pflanze zu einem beliebten Würzkraut macht. Waldmeister wird für die Zubereitung der bekannten Maibowle oder zum Aromatisieren von Süßspeisen verwendet. Die Pflanze hat auch Qualitäten als Arznei, der Konsum größerer Mengen führt jedoch zu Kopfschmerzen und Benommenheit.

Wir erreichen die **Todtenwiese**, biegen links ab und gehen an ihrem Rand entlang in Richtung Pappelteich. Einzelne Eichen wirken wie in die Wiese eingestreut. Die Äste der großgewachsenen, doppelstämmigen Bäume reichen bis zum Boden herab. Sie ma-

Waldmeister *(Galium odoratum)*

chen begreifbar, wie andersartig sich sogenannte *Solitärbäume* entwickeln. Frei in der Landschaft stehend müssen sie nicht um Ressourcen konkurrieren – ganz im Gegensatz zu den Gehölzen, die Licht, Wasser und Nährstoffe mit anderen Baumindividuen im geschlossenen Wald teilen müssen.

Der **Pappelteich**, einst als Schwimmbecken angelegt, beherbergt mittlerweile vielfältige Wasserpflanzen und eine große Anzahl an Amphibien. Wir gehen am Spielplatz vorbei und wählen an der Kreuzung den äußersten Weg nach rechts. Bald darauf biegen wir links in den Wald ein, um nach einem kurzen Stück auf weißroter Markierung zur **Himmelswiese** zu gelangen, die das Plateau und den sanft geschwungenen Nordhang des Neubergs einnimmt.

Mit ihrer artenreichen pannonischen Wiesensteppenflora ist sie der Höhepunkt unserer Wanderung. Es lohnt sich, etwas länger zu verweilen und das vorhandene Netz an schmalen Pfaden zu nutzen, um die Vegetation aus nächster Nähe zu erkunden. Die Durchlässigkeit des Karbonatgesteins begünstigt hier das Vorkommen von trockenresistenten Spezialisten aus dem Pflanzenreich. Besonders der Übergangsbereich von Wiese zu Gebüsch und Wald ist reich an botanischen Schätzen: Anfang Juni entdecken wir blühend etwa Blutroten Storchschnabel, Diptam und die wunderschöne Bunt-Schwertlilie, etwas früher im Jahr auch die Giftpflanzen Adonis und Kuhschelle in leuchtendem Gelb und rauchigem Violett. Im September blühen Skabiosen und zarte, weiße Graslilien. Einige Bänke bieten schöne Ausblicke auf die wehrhafte Kirche von Perchtoldsdorf. Bei klarem Wetter reicht die Sicht sogar bis zum Leithagebirge.

Etwa ab Ende Mai zeigt sich der **Diptam** *(Dictamnus albus)* mit seinen auffällig in Trauben stehenden, rosafarbenen Blüten in voller Pracht. Die ausdauernde Staude verströmt einen stark zitronigen Duft und verrät dadurch ihr Verwandtschaftsverhältnis zur Gattung *Citrus*. Auch wenn Duft und Aussehen noch so verlockend wirken, sollte man der Versuchung nicht nachgeben und die Pflan-

Diptam *(Dictamnus albus)*

ze berühren. In Verbindung mit Sonnenlicht können ihre giftigen Inhaltsstoffe Brandblasen hervorrufen. Im Sommer, wenn die Fruchtkapseln heranreifen, kann man des Öfteren Knallgeräusche hören. Sie entstehen, wenn die trockenen Fruchtschalen ihre Samen über mehrere Meter hinausschleudern. Bei besonders großer Hitze verdunstet der Diptam seine duftenden ätherischen Öle in so großer Menge, dass sich die Pflanze an ihren Dämpfen sogar selbst entzünden kann.

Abschließend führen uns nun verschiedene schmale Wege bergab in Richtung Südosten. Wald wechselt sich hier noch einmal atmosphärisch mit Wiesenstücken und Weingärten ab. Über einen gepflasterten Fahrweg gehen wir am **Kalksburger Friedhof** vorbei zur Zemlinskygasse. Von dort ist es nicht weit zu verschiedenen Haltestellen von Bus und Straßenbahn.

Wer an der Artenvielfalt der Trockenlandschaften Gefallen gefunden hat, trifft auf der **Perchtoldsdorfer Heide** nicht weit von hier, knapp außerhalb der südwestlichen Stadtgrenze Wiens, auf eines der schönsten pannonischen Biotope Österreichs.

GLOSSAR

Abstandsgrün
Diese Art von Freifläche befindet sich zwischen architektonischen Elementen im urbanen Raum. Sie ergibt sich durch Bauordnung, Bebauungsplan oder generelles Stadtwachstum. Abstandsgrün entsteht auch dann, wenn eine Freifläche nicht als Raum begriffen wird, der qualitativer Gestaltung bedarf. Klein dimensioniert und meist nur spärlich begrünt, ist es für Stadtbewohner*innen kaum nutzbar.

Aerosol
Ein uneinheitliches Gemisch flüssiger und fester Schwebeteilchen in einem Gas.

Alkaloide
Meist alkalische, stickstoffhaltige Verbindungen überwiegend pflanzlichen Ursprungs mit spezifischer Wirkung auf tierische Organismen, also auch auf Menschen – viele der häufig bitter schmeckenden Stoffe sind äußerst giftig. Manche werden als Arzneimittel eingesetzt, etliche sind von berauschender Wirkung.

Arabeske
Ornamentmuster mit Ursprung in der Antike. Charakteristisch ist die verschlungene, gedrehte Linienführung, mit der stilisierte Blüten, Blätter und Ranken dargestellt werden.

Arboretum
Eine Sammlung verschiedenartiger, gepflanzter Gehölzarten oft exotischen Ursprungs.

Archäophyten
Pflanzenarten, die vor dem Beginn der Neuzeit im Gefolge des Menschen ein ursprünglich fremdes Gebiet für sich erschlossen haben.

Ausdauernde Pflanze
Gewächs, das älter als zwei Jahre wird und dabei üblicherweise jährlich Blüten und Samen bildet.

Broderiebeet
Ein typisches Gestaltungselement der formal-geometrischen Gärten des Barock, das seinen Ursprung in Frankreich im späten 16. Jahrhundert hat. Der aus dem Französischen kommende Begriff *Broderie* bedeutet Stickerei – die kunstvoll gestalteten Beete werden quasi mit Pflanzen bestickt.

Blattspreite
Der flächige Teil eines Laubblattes, der oberhalb des Stiels sitzt.

Botanisiertrommel
Ein länglich-zylindrisches Blechgefäß für den geschützten Transport gesammelter Pflanzen, häufig mit einem Riemen versehen, um ein Tragen auf der Schulter zu ermöglichen.

Chlorophyll
Eine Klasse von Farbstoffen natürlichen Ursprungs, die von Photosynthese betreibenden Organismen, insbesondere Pflanzen, gebildet wird und ihnen ihre grüne Färbung verleiht.

Ehrenhof
Der an drei Seiten von Haupt- und Nebengebäuden umgebene Hof einer Schlossanlage, meist aus der Zeit des Barock. Die vierte, zur Auffahrt hin gelegene Seite wird in der Regel durch eine Mauer oder einen Prachtzaun begrenzt.

Einjährige Pflanze
Krautige Pflanze, die von der Samenkeimung bis zur Ausbildung der Samen nur eine Vegetationsperiode benötigt und anschließend abstirbt.

Flora
Die Pflanzenwelt eines spezifischen Gebietes mit all ihren Familien, Gattungen, Arten und Unterarten.

Gehölze
Ausdauernde, verholzende Pflanzen. Zu ihnen zählen neben Bäumen auch Sträucher und Lianen.

Glacis
Nach der ersten Belagerung Wiens durch das Osmanische Reich 1529 wurden die Verteidigungsanlagen um die Stadt sukzessive verstärkt. Dabei entstand auch das sogenannt Glacis, eine militärische Freifläche, die aus taktischen Gründen mit einem Bebauungsverbot belegt wurde. Im Laufe der 17. Jahrhunderts wurde das Glacis auf schließlich 450 Meter Breite vergrößert. Dieser Anlage mussten zahlreiche Wein-, Obst- und Gemüsegärten weichen.

Geophyt
Mehrjährige krautige Pflanze, die ungünstige Lebensbedingungen wie Trockenheit oder Kälte mithilfe unterirdischer Speicherorgane überdauert.

Hybride
Pflanzenindividuum mit einem bewusst durch Kreuzung zweier Sorten, Arten oder Gattungen erzeugtem gemischtem Genpool.

Horst
Für Gräser typische Wuchsform, bei der zahlreiche Triebe eng aneinandergedrängt stehen.

Ikebana
Bedeutet auf Japanisch wörtlich „lebende Blume". Die japanische Kunst des Blumensteckens ist Teil traditioneller japanischer Kultur. Dabei gilt es eine Vielzahl an Regeln zu beachten.

Konifere
Alternative Bezeichnung für Nadelgehölz. Aus dem Lateinischen von *conus* für Kegel oder Zapfen und *ferre* für tragen.

Kraut
In der Pflanzenanatomie bezeichnet *Kraut* den oberirdischen, nicht verholzenden Teil einer Pflanze. Gleichzeitig wird auch Weiß- oder Rotkohl im österreichischen Sprachgebrauch als Kraut bezeichnet.

Kutteln
Die in Streifen geschnittenen Mägen von Schaf, Kalb oder Rind werden meist zu Eintöpfen verarbeitet. Sie verschwinden jedoch immer mehr aus der kulinarischen Landschaft Österreichs.

Latwerge
Ein herkömmliches Süßungsmittel im Mittelalter. Es wurde meist aus Früchten und Honig hergestellt und ist von zähflüssiger Konsistenz.

Mehrjährige Pflanze
Pflanze, die älter als zwei Jahre wird, in diesem Zeitraum aber nur einmal blüht und zur Samenreife gelangt.

Naturverjüngung
Begriff aus der Forstwirtschaft, der für die Walderneuerung durch natürlichen Samenfall oder Stockausschlag verwendet wird.

Neophyt
Pflanzenart, die unter direkter oder indirekter Mithilfe des Menschen nach 1492 neue Gebiete besiedelt hat.

Pflanzenphysiologie
Die wissenschaftliche Auseinandersetzung mit den Lebensvorgängen in Pflanzen – zum Beispiel Stoffwechsel, Wachstum oder Fortpflanzung.

Rabatte
Beete mit Zierpflanzen sind ein Element der Landschaftsgestaltung. Sie heben sich deutlich von ihrer Umgebung ab.

Romantik
Europäische Epoche vom Ende des 18. bis in die Mitte des 19. Jahrhunderts mit unterschiedlichen nationalen Ausprägungen. Nach der Zeit der Aufklärung fand eine Hinwendung zum Irrationalen statt. Die Auseinandersetzung mit dem Gefühl rückte in den Fokus. Die antike Klassik diente nicht mehr als Ideal, stattdessen wurde das Volkstümliche und Märchenhafte gesucht. Die Strömung fand Ausdruck in Kunst, Literatur und Musik, wurde aber ebenso in Geistes- und Naturwissenschaften rezipiert.

Rhizom
Unterirdischer Spross mit Speicherfunktion, der der vegetativen Vermehrung dienen kann.

Rotes Wien
Von den Wahlen im Mai 1919 bis zum Bürgerkrieg 1934 regierte Wien die Sozialdemokratische Arbeiterpartei mit absoluter Mehrheit. Diese Periode ist gekennzeichnet durch ein umfassendes Reformprogramm in Bezug auf Bildung, Kultur, Hygiene, Fürsorge und Wohnen. Ziel war es, die Lebensbedingungen der Arbeiter*innen drastisch zu verbessern und ein neues Klassenbewusstsein zu schaffen. Grundvoraussetzung war die Etablierung

eigener Steuern, eine Möglichkeit, über die Wien seit der Trennung von Niederösterreich 1922 als eigenes Bundesland verfügte.

Sommerblumen
Ein Begriff gärtnerischen und floristischen Ursprungs, der kurzlebige Arten bezeichnet, die nur einen Sommer lang blühen, um nach der Samenreife abzusterben. Ebenfalls werden häufig blühende Zierpflanzen so bezeichnet, die zwar in ihrer ursprünglichen Heimat mehrjährig sind, aufgrund ihrer Anforderungen an das Klima aber die Kälte- oder Frostperioden der gemäßigten Zone nicht überdauern können.

Staude
Ausdauernde, oberirdisch nicht verholzende Pflanze, die in der Regel nach einer Vegetationsperiode abstirbt, um im Folgejahr aus dem Wurzelstock wieder neu auszutreiben.

Strauch
Pflanzenwuchsform, bei der kein einzelner Stamm als Hauptachse erkennbar ist. Aus bodennahen Knospen werden regelmäßig neue Stämme nachgebildet.

Stadt Wien
Vom Mittelalter bis 1850 ist mit der *Stadt Wien* nur die Siedlung innerhalb der Stadtmauer gemeint. Das entspricht heute in etwa dem Gebiet des ersten Bezirks innerhalb der Ringstraße. Eine Verzahnung zum Umland bestand durch enge wirtschaftliche Beziehungen und die Besitzungen von Wiener Bürger*innen, Klöstern und der Gemeinden außerhalb der Mauern. In der zweiten Hälfte des 19. Jahrhunderts und Anfang des 20. Jahrhunderts wurden in mehreren Schritten umliegende Städte und Dörfer eingemeindet. Das aktuelle Stadtgebiet mit 23 Bezirken auf einer Fläche von 414 Quadratkilometern besteht seit 1954.

Sukzession
Wandel der Artenzusammensetzung an einem bestimmten Ort im Laufe der Zeit.

Vegetative Vermehrung
Nichtsexuelle Vermehrung bei Pflanzen, zum Beispiel durch die Bildung von Ausläufern oder Knollen. Im Gartenbau macht man sich das Vermögen der Pflanzen zur ungeschlechtlichen Vermehrung zunutze und vermehrt Gewächse etwa über Gewebekulturen oder Stecklinge – in Erde gesteckte Blatt- oder Sprossachsenstücke bilden in der Folge Wurzeln.

Veredeln
Künstliche Form der vegetativen Vermehrung überwiegend verholzender Pflanzen, bei der ein Teil einer Pflanze auf eine andere aufgepfropft wird.

Vindobona
Römisches Legionslager des Imperium Romanum entstand um 97 n.u.Z. auf einem Teilgebiet der heutigen Inneren Stadt Wiens. Die Römer waren rund 350 Jahre lang im Wiener Raum präsent.

Zille
Ein länglicher Frachtkahn mit flachem Boden, der traditionell im Donauraum eingesetzt wurde.

Zweijährige Pflanze
Krautige Pflanze, die innerhalb zweier Vegetationsperioden keimt und bis zur Samenreife gelangt.

LITERATUR UND INTERNETQUELLEN

Adelkofer, Marquard (1785): Gründliche Gartenschule, welche in dreyen Theilen lehret, wie man einen Blumen- Küchen- und Baumgarten recht nützlich anlegen und pflegen solle. Trattner, Wien.

Aichholzer, Doris (1999): „Wildu machen ayn guet essen ...": drei mittelhochdeutsche Kochbücher: Erstditionen, Übersetzung, Kommentar. Lang, Bern/Wien.

Antoine, Franz (1852): Der Wintergarten in der kaiserlich königlichen Hofburg zu Wien. Johann Rauh, Wien.

Auböck, Maria (1975): Die Gärten der Wiener. Jugend & Volk, Wien.

Auböck, Maria (1983): Wiener Naturdenkmäler. Magistrat der Stadt Wien, Presse- und Informationsdienst der Stadt Wien, Wien.

Auböck, Maria/Ruland, Gisa (1994): Grün in Wien. Ein Führer zu den Gärten, Parks und Landschaften der Stadt. Mit ausführlicher Beschreibung 42 ausgewählter Anlagen. Falter Verlag, Wien.

Autengruber, Peter (2018): Die Wiener Kleingärten. Von den Anfängen bis zur Gegenwart. Promedia, Wien.

Babenberger Urkundenbuch IV/1 und 2 Nummern 928, 931 und 959 (Schloms Prozesse um die Weingärten).

Babo, August von/Mach, Edmund (1909): Handbuch des Weinbaues und der Kellerwirtschaft. Band 1: Weinbau. Paul Parey, Berlin.

Bacher, Barbara (2015): Verschwundene Welt: Spaziergang über das Glacis. Botanische Erkundungen vor Errichtung der Wiener Ringstraße. In: Historische Gärten, 21. Jg., Heft 2, S. 22–26.

Baumgartner, Thomas (2020): Was Prinz Eugen anno 1720 blühte. Wiener Zeitung 06.10.2020, https://www.wienerzeitung.at/nachrichten/zeitreisen/2077120-Was-Prinz-Eugen-anno-1720-bluehte.html (abgerufen am 09.11.2021).

Berger, Eva (2004): Historische Gärten Österreichs. Garten- und Parkanlagen von der Renaissance bis um 1930. Band 3 Wien. Böhlau, Wien/Köln/Weimar.

Berger, Eva (2016): Viel herrlich und schöne Gärten. 600 Jahre Wiener Gartenkunst. Böhlau, Wien/Weimar/Köln.

Berger, Roland/Ehrendorfer, Friedrich (2011): Ökosystem Wien. Naturgeschichte einer Stadt. Böhlau, Wien/Köln/Weimar.

Berichte aus dem Erinnerungsbuch des Ephraim bar Jakob. In: Eveline Brugger/Birgit Wiedl (2005): Regesten zur Geschichte der Juden in Österreich. Band 1. Studien Verlag, S. 17–18, Innsbruck.

Bernkopf, Siegfried (1994): Geschichte des österreichischen Obstbaus. In: Ökokreis Waldviertel: Alte Obstsorten und Streuobstbau in Österreich. Bedeutung, Schutz und Erhaltung bedrohter Lebensräume. Grüne Reihe des Bundesministeriums für Umwelt. Band 7. austria medien service, Graz, S. 41–55.

Beuchert, Marianne (1995): Symbolik der Pflanzen. Von Akelei bis Zypresse. Insel, Frankfurt am Main.

Birkhan, Helmut (2012): Pflanzen im Mittelalter. Eine Kulturgeschichte. Böhlau, Wien/Köln/Weimar.

Blau, Eva/Heindl, Gabu/Platzer, Monika (2019): Architektur und Politik – Lernen vom Roten Wien. Debatte. In: Werner Michael Schwarz/Georg Spitaler/Elke Wikidal (Hg.): Das Rote Wien. 1919 bis 1934: Ideen, Debatten, Praxis. Birkhäuser, Basel, S. 158–165.

Botanischer Garten. Tulpen, https://botanischergarten.univie.ac.at/der-garten/pflanzen-von-a-z/pflanzenlexikon/tulipa-tulpen/ (abgerufen am 15.11.2021).

Breuss, Othmar et al. (2019): Der Botanische Garten. Verein der Freunde des Botanischen Gartens der Universität Wien, Wien.

Brunnbauer, Heidi (2009): Im Cottage von Währing/Döbling ... Interessante Häuser – interessante Menschen III. Edition Weinviertel, Gösing.

Brunner, Karl/Schneider, Petra (2005): Umwelt Stadt. Geschichte des Natur- und Lebensraumes Wien. Wiener Umweltstudien 1, Böhlau, Wien.

Clément, Gilles (2015): Gärten, Landschaft und das Genie der Natur. Matthes & Seitz, Berlin.

Desbalmes, Gerhard et al. (2020): Am Anfang war die Gstettn. Wiener Stadtwildnisflächen. Wiener Umweltanwaltschaft, Wien.

Die Grünen Hernals (Hg.) (2020): Umweltführer Hernals, https://hernals.gruene.at/themen/umwelt-und-klimaschutz/der-hernalser-umweltfuehrer (abgerufen am 09.11.2021).

Diez, Otmar (2019): Unsere essbaren Bäume und Sträucher. 81 Arten sicher bestimmen. Achtsam sammeln, einfach zubereiten. Kosmos, Stuttgart.

Drori, Jonathan (2018): In 80 Bäumen um die Welt. Laurence King, London.

Ehrendorfer, Friedrich/Starmühlner, Ferdinand (1970): Naturgeschichte Wiens. Band 1–4, Jugend & Volk, Wien.

Eipeldauer, Anton (1943): Schreber- und Hausgartenkultur. Anlage und Pflege eines Gemüse-, Obst- und Blumengartens. Ostmärkischer Zeitungsverlag/Tagblatt-Bibliothek, Leipzig/Wien.

Kaiserin Elisabeth (o.J.): Das poetische Tagebuch. Projekt-Gutenberg: https://www.projekt-gutenberg.org/elisabet/poettage/chap023.html (abgerufen am 01.12.2021).

Enigl, Monika/Koller, Beate (2003): Kulturpflanzenvielfalt. Entstehung und Gefährdung. Fallbeispiele aus Österreich. Verein Arche Noah, Schiltern.

Fischer, A. Manfred/Oswald, Karl/Adler, Wolfgang (2008): Exkursionsflora für Österreich, Liechtenstein und Südtirol. Biologiezentrum der Oberösterreichischen Landesmuseen, Linz.

Gaheis, Franz de Paula (1794): Spazierfahrten in den Gegenden um Wien. Den Freunden des ländlichen Vergnügens gewidmet. Wien.

Genaust, Helmut (2012): Etymologisches Wörterbuch der botanischen Pflanzennamen. Nikol, Hamburg.

Geusau, Anton Ferdinand Edler von (1793): Geschichte der Haupt- und Residenzstadt Wien in Oesterreich, in einiger Verbindung mit der Geschichte des Landes. Von den ältesten bis auf gegenwärtige Zeiten. Alberti, Wien.

Göttche, Astrid (2008): Wiener Villengärten zwischen Historismus und Moderne – Eine Untersuchung anhand ausgewählter Beispiele. Diplomarbeit. Universität Wien, Wien.

Göttfied, Erich (1999): Entwicklung der Gemüsesortenzüchtung in Österreich und Ausblick auf die internationale Entwicklung. Bericht über die 50. Arbeitstagung der Vereinigung österreichischer Pflanzenzüchter, BAL Gumpenstein, 23.–25. November 1999, Wien.

Gramlich, Naomi/Kray, Lydia (2020): (Post-)Kolonialismus und der botanische Garten in Potsdam, 13.07.2020, https://pocolit.com/2020/07/13/post-kolonialismus-und-der-botanische-garten-in-potsdam/ (abgerufen am 09.11.2021).

Griebl, Norbert (2020): Neophyten. Kosmos, Stuttgart.

Gröschel, Claudia (2011): Buchs – ein kurzer gartenhistorischer Abriss. In: Historische Gärten, 17. Jg., Heft 2, S. 21–22.

Harrison, Christina/Kirkham, Tony (2019): Besondere Bäume und ihre Kräfte. Prestel, München/London/New York.

Hauer, Friedrich/Krammer, Andre (2019): Wilde Siedlungen und rote Kosakendörfer. Zur informellen Stadtentwicklung im Wien der Zwischenkriegszeit. In: Werner Michael Schwarz/Georg Spitaler/Elke Wikidal (Hg.) (2019): Das Rote Wien. 1919 bis 1934: Ideen, Debatten, Praxis. Birkhäuser, Basel, S. 170–175.

Haus-, Hof- und Staatsarchiv Urkunde 1204, März 30 (Grundstücke des Schlom links von der Synagoge).

Hecker, Ulrich (2006): Bäume und Sträucher. BLV, München.

Hinterschweiger, Hubert (2014): Wien im Mittelalter. Alltag und Mythen, Konflikte und Katastrophen. Pichler, Wien/Graz/Klagenfurt.

Hlavac, Christian (2013): 125 Jahre Wiener Türkenschanzpark. In: Historische Gärten, 19. Jg., Heft 2, S. 4–11.

Hlavac, Christian (2019): 60 Jahre Blindengarten: Tastpflanzen und Akustikbrunnen. Wiener Zeitung, 29.09.2019, https://www.wienerzeitung.at/nachrichten/reflexionen/vermessungen/2031147-60-Jahre-Blindengarten-Tastpflanzen-und-Akustikbrunnen.html (abgerufen am 09.11.2021).

Hlavac, Christian (2021): Wiener Parkgeschichten. Von Gärtnern, Kaisern und Grünoasen. Amalthea, Wien.

Hlavac, Christian/Göttche, Astrid (2016): Die Gartenmanie der Habsburger. Die kaiserliche Familie und ihre Gärten 1792–1848. Amalthea, Wien.

Hobbs, Kevin/West, David (2020): Die Geschichte der Bäume. Und wie sie unsere Lebensweise verändert haben. Laurence King, London.

Hofmann, Thomas (2016): Hausherren und Seidenfabrikanten. Wiener Zeitung 10.04.2016, https://www.wienerzeitung.at/nachrichten/reflexionen/

geschichten/811449-Hausherren-und-Seidenfabrikanten.html (abgerufen am 15.11.2021).
Hofmann, Thomas/Harzhauser, Mathias (2016): Wo die Wiener Mammuts grasten. Naturwissenschaftliche Entdeckungsreisen durch das heutige Wien. Metroverlag, Wien.
Hofmannsthal, Hugo von (1979): Gesammelte Werke in zehn Einzelbänden. Hg. von Bernd Schoeller. Band 1: Gedichte, Dramen I: 1891–1898. Fischer Taschenbuch, Frankfurt am Main.
Holzner, Wolfgang et al. (1994): Unkräuter. Begleiter und Freunde des Menschen. Eine Anleitung zum Umgang mit Wildpflanzen in Äckern und Siedlungen. Styria, Graz.
Hühnel, Helga (2017): Nikolaus Joseph: Die Karriere eines Naturforschers in Wien, Forschungsblog Österreichische Nationalbibliothek, 25.10.2017, https://www.onb.ac.at/forschung/forschungsblog/artikel/nikolaus-joseph-jacquin-die-karriere-eines-naturforschers-in-wien (abgerufen am 09.11.2021).
Ilgen, Theodor (1889): Die Geschichte Kaiser Friedrichs III.: 1. Dyk, Leipzig.
Jahresbericht Forschung 2019, Österreichische Bundesforste: Projekt zur Untersuchung der fungiziden Hemmwirkung der Extrakte des Götterbaums.
Jeitler, Markus/Martz, Jochen (2014): Der Untere und der Obere Lustgarten. In: Herbert Karner (Hg.): Die Wiener Hofburg 1521–1705. Baugeschichte, Funktion und Etablierung als Kaiserresidenz. Verlag der Österreichischen Akademie der Wissenschaften, Wien, S. 188–197.
Karner, Erika (2011): Hanny Strauss und die Stauden – eine Liebesgeschichte. In: Historische Gärten, 17. Jg., Heft 1, S. 4–9.
Karner, Erika (2012): Fritz Kratochwjle – oberster Gärtner in der „Stadt der Gärten". In: Historische Gärten, 18. Jg., Heft 1, S. 11–24.
Karner, Erika (2016): Gärtner im Ersten Weltkrieg. 3. Teil. In: Historische Gärten, 22. Jg., Heft 1, S. 26–33.
Karner, Herbert (Hg.) (2014): Die Wiener Hofburg 1521–1705. Baugeschichte, Funktion und Etablierung als Kaiserresidenz. Verlag der Österreichischen Akademie der Wissenschaften, Wien.
Klinger Willi/Vocelka, Karl/Vocelka, Michaela (2019): Wein in Österreich: Die Geschichte. Wien, Brandstätter.
Kramar, Thomas (2020): „Der Apfel ist halbiert und gedörrt worden". Die Presse, 12.11.2020.
Kranz, Isabel (2016): Die Tropen als Tropen: Die Rolle der Botanik in Mona Lisa Steiners autobiografischen Schriften. In: L'Homme. Europäische Zeitschrift für feministische Geschichtswissenschaft, 27. Jg., Heft 2, S. 119–126.
Krippner, Ulrike (2015): Wiener Gartenarchitektinnen zwischen Staudenbeet und Zeichentisch. Garten- und Landschaftsarchitektur des frühen 20. Jahrhunderts in Österreich. Dissertation. Universität für Bodenkultur, Wien.
Krippner, Ulrike/Meder, Iris (2016): Moderne Gärten für moderne Menschen. Jüdische Wiener Gartenarchitektinnen der 1920er und 1930er Jahre. In:

L'Homme. Europäische Zeitschrift für feministische Geschichtswissenschaft. 27. Jg., Heft 2, S. 53–72.
Küster, Hansjörg (2013): Am Anfang war das Korn. Eine andere Geschichte der Menschheit. C.H.Beck, München.
Landsteiner, Erich (2020): Urban Viticulture in Medieval and Early Modern Central Europe. In: Erich Landsteiner/Tim Soens (Hg.): The Resilience and Decline of Urban Agriculture in European History. StudienVerlag, Wien, S. 168–180.
Landsteiner, Erich/Soens, Tim (Hg.) (2020): The Resilience and Decline of Urban Agriculture in European History. StudienVerlag, Wien.
Laws, Bill (2010): Zwiebel, Safran, Fingerhut. 50 Pflanzen, die unsere Welt verändert haben. Gerstenberg, Hildesheim.
Lein, Richard (1983): Wohnen im Grünen – Wohnen in Dornbach. Wien.
Lorenz, Hellmut/Mader-Kratky, Anna (Hg.) (2016): Die Wiener Hofburg 1705–1835. Die kaiserliche Residenz vom Barock bis zum Klassizismus. Verlag der Österreichischen Akademie der Wissenschaften, Wien, S. 527–532.
Loos, Adolf (1962): Sämtliche Schriften in zwei Bänden. Hg. von Franz Glück. Band 1. Ins Leere gesprochen: 1897-1900. Herold, Wien.
Lundt, Holger (2009): Die Tulpen des Suleiman. Ein Spaziergang durch die Gärten der Geschichte. Artemis & Winkler, Düsseldorf.
Machatschek, Michael (2003): Nahrhafte Landschaft. Böhlau, Wien.
Masanz, Michaela (1995): Exemplarische Erhebung der Obstbaumstrukturen. In: Ökokreis Waldviertel: Alte Obstsorten und Streuobstbau in Österreich. Bedeutung, Schutz und Erhaltung bedrohter Lebensräume. Grüne Reihe des Bundesministeriums für Umwelt. Band 7. austria medien service, Graz, S. 159–165.
Martz, Jochen (2012): Die Gärten an der Hofburg unter Kaiser Ferdinand I. In: Werner Telesko (Hg.): Die Wiener Hofburg 1835–1918. Der Ausbau der Residenz vom Vormärz bis zum Ende des „Kaiserforums". Verlag der Österreichischen Akademie der Wissenschaften, Wien, S. 77–85.
Martz, Jochen (2012a): Die Anlage des Maria-Theresien-Platzes. In: Werner Telesko (Hg.): Die Wiener Hofburg 1835–1918. Der Ausbau der Residenz vom Vormärz bis zum Ende des „Kaiserforums". Verlag der Österreichischen Akademie der Wissenschaften, Wien, S. 218–228.
Martz, Jochen (2012b): Die Gärten an der Hofburg zwischen 1895–1918. In: Werner Telesko (Hg.): Die Wiener Hofburg 1835–1918. Der Ausbau der Residenz vom Vormärz bis zum Ende des „Kaiserforums". Verlag der Österreichischen Akademie der Wissenschaften, Wien, S. 382–395.
Martz, Jochen (2015): Hofgärten. Frühe öffentliche Gärten und Gartenprojekte. In: Hellmut Lorenz/Anna Mader-Kratky (Hg.): Die Wiener Hofburg 1705–1835. Die kaiserliche Residenz vom Barock bis zum Klassizismus. ÖAW, Wien, S. 527–532.

McFarland, Rob/Spitaler, Georg/Zechner, Ingo (Hg.) (2020): Das Rote Wien: Schlüsseltexte der Zweiten Wiener Moderne 1919–1934. DeGruyter, Berlin/Boston.
McIndoe, Andrew (2005): Sträucher. Auswahl Schnitt Pflege. Delius Klasing, Bielefeld.
Opll, Ferdinand (1995): Nachrichten aus dem mittelalterlichen Wien. Böhlau, Wien/Köln/Weimar.
Opll, Ferdinand (1998): Leben im mittelalterlichen Wien. Böhlau, Wien/Köln/Weimar.
Neurath, Otto (1923): Österreichs Kleingärtner- und Siedlerorganisationen. Wiener Volksbuchhandlung, Wien.
Ökokreis Waldviertel (1995): Alte Obstsorten und Streuobstbau in Österreich. Bedeutung, Schutz und Erhaltung bedrohter Lebensräume. Grüne Reihe des Bundesministeriums für Umwelt. Band 7, austria medien service, Graz.
Österreichisches Biografisches Lexikon ab 1815. Herzfeld, Stefanie, https://www.biographien.ac.at/oebl/oebl_H/Herzfeld_Stephanie_1868_1930.xml (abgerufen am 09.11.2021).
Österreichisches Biografisches Lexikon ab 1815. Host, Nicolaus Thomas, http://www.biographien.ac.at/oebl/oebl_H/Host_Nicolaus-Thomas_1761_1834.xml?frames=yes (abgerufen am 09.11.2021).
Österreichische Gartenbaugesellschaft
https://www.oegg.or.at/ueber-die-oegg/neue-geschichte-der-oegg/ (abgerufen am 15.11.2021).
Österreich Wein (2021): Wien. Alte Heurigentradition – Neue Weinkultur, https://www.oesterreichwein.at/unser-wein/weinbaugebiete/wien (abgerufen am 15.11.2021).
Österreich Wein (2021): Dokumentation Österreich Wein 2020.
Petermann, Reinhard (1908): Wien im Zeitalter Kaiser Franz Josephs I. Schilderungen. Lechner, Wien.
Planquadrat Gartenverein, http://planquadrat.weebly.com/ (abgerufen am 15.11.2021).
Posch, Wilfried (1981): Die Gartenstadtbewegung. Reformversuche zwischen erster und zweiter Gründerzeit. Edition Tusch, Wien.
Radosevich, Steven R./Holt, Jodie S./Ghersa, Claudio M. (2007): Ecology of Weeds and Invasive Plants. Relationship to Agriculture and Natural Resource Management. John Wiley & Sons, New Jersey.
Renner, Georg (2011): Wien und seine Verbote: Betreten erlaubt? Die Presse, 06.05.2011, https://www.diepresse.com/658249/wien-und-seine-verbote-betreten-erlaubt
Schiemer, Alfred (1999): Auf Ottakrings Spuren. Historische Streifzüge zwischen Gürtel und Gallitzinberg. Verband Wiener Volksbildung, Wien.
Schloss Hof. Der Garten, https://www.schlosshof.at/ueber-schloss-hof/garten (abgerufen am 09.11.2021).

Schneckenburger, Stefan (2010): Auf der Jagd nach dem „Grünen Gold“: Botanische Gärten in der Zeit des Kolonialismus. Biol. Unserer Zeit, 40. Jg., 6. Heft, S. 2–10.
Schwarz, Godehard (2004): Döbling. Zehn kulturhistorische Spaziergänge durch Wiens 19. Bezirk. Verband Wiener Volksbildung, Wien.
Schwarz, Otto (2014): Hinter den Fassaden der Ringstraße. Geschichte – Menschen – Geheimnisse. Amalthea, Wien.
Schwarz, Werner Michael/Spitaler, Georg/Wikidal, Elke (Hg.) (2019): Das Rote Wien. 1919 bis 1934: Ideen, Debatten, Praxis. Birkhäuser, Basel.
Siebeck, Rudolf (o.J.): Die Bildende Gartenkunst in ihrer Modernen Form. Wiegandt&Hempel, Berlin.
Solano, Solita (1923): Wien – Hauptstadt ohne Nation. In: Rob McFarland/Georg Spitaler/Ingo Zechner (Hg.) (2020): Das Rote Wien: Schlüsseltexte der Zweiten Wiener Moderne 1919–1934. DeGruyter, Berlin/Boston, S. 749–752.
Stifter, Adalbert (o.J.): Adalbert Stifters ausgewählte Werke. Siebenter Band. Aus dem alten Wien – Ein Gang durch die Katakomben – Vom Sankt Stephansturme – Aus dem bayrischen Walde. Max Hesses, Leipzig.
Storl, Wolf-Dieter (2012): Wandernde Pflanzen. Neophyten, die stillen Eroberer. Ethnobotanik, Heilkunde und Anwendung. AT Verlag, München.
Telesko, Werner (Hg.) (2012): Die Wiener Hofburg 1835–1918. Der Ausbau der Residenz vom Vormärz bis zum Ende des „Kaiserforums“. Verlag der Österreichischen Akademie der Wissenschaften, Wien.
Walch, Sonja (2016): Tropenbotanik im Exil: Geschlechterspezifische Arbeitspraktiken und strukturelle Bedingungen. In: L'Homme. Europäische Zeitschrift für feministische Geschichtswissenschaft, 27. Jg., Heft 2, S. 109–118.
Weblexikon der Wiener Sozialdemokratie, http://www.dasrotewien.at/ (abgerufen am 09.01.2022).
Weisman, Alan (2009): Die Welt ohne uns. Reise über eine unbevölkerte Erde. Piper, München.
Welan, Manfried/Wiltsche, Peter (2016): Das grüne Juwel. Der Türkenschanzpark und seine Denkmäler. Plattform Johannes Martinek, Perchtoldsdorf.
Wiede, Jochen (2015): Abendländische Gartenkultur. Die Sehnsucht nach Landschaft seit der Antike. marixverlag, Wiesbaden.
Wien Geschichte Wiki, https://www.geschichtewiki.wien.gv.at/Wien_Geschichte_Wiki (abgerufen am 09.01.2022).
Wolf, Helga Maria (2006): Die Märkte Alt-Wiens. Geschichte und Geschichten. Amalthea, Wien.
Ziegler, Mathias (2018): Die Zukunft gehört den Exoten. Wiener Zeitung, 11.08.2018, https://www.wienerzeitung.at/nachrichten/chronik/wien-chronik/982191-Die-Zukunft-gehoert-den-Exoten.html?em_cnt_page=1 (abgerufen am 09.11.2021).

REGISTER

DIE AUTORINNEN

BIRGIT LAHNER

Auf einem Hof im südlichen Kamptal aufgewachsen, hat Birgit Lahner schon früh ein ausgeprägtes Interesse an der Welt der Wild- und Nutzpflanzen entwickelt. Nach dem Studium der Angewandten Pflanzenwissenschaften an der Universität für Bodenkultur ist sie als freie Autorin tätig und teilt ihre Begeisterung in Workshops.

CRISTINA-ESTERA KLEIN

Cristina-Estera Klein studierte Publizistik, Romanistik und Geschichte an der Universität Wien. Seit 2019 ist sie als staatlich-geprüfte Fremdenführerin tätig und führt auf Deutsch, Spanisch und Englisch durch Stadt und Land. Als Gründungsmitglied der Austria Guides For Future bringt sie ihren Gästen Klima- und Umweltschutzthemen näher.

DIE ILLUSTRATORIN

SILVIA UNGERSBÖCK

1986 geboren und aufgewachsen in der Steiermark. Sie besuchte das College für Grafik- und Kommunikationsdesign in Wien und studierte an der Akademie der bildenden Künste bei Gunther Damisch und Christian Schwarzwald. Sie arbeitet als Künstlerin und Illustratorin in Wien und ist Mutter von zwei Kindern.